スマホが使いこなせたら
人生、快適！

何歳からはじめても、
遅くはありません。
うちのスマホ教室の
生徒さんは、
70代、80代でもラクラク、
楽しくスマホを
使いこなしています

86歳のいま、
スマホのない生活
なんて考えられない！
使いこなせると、
楽しくて便利。
絶対に手放せません

著者／増田由紀（ますだゆき）

二十年以上、高齢者世代にデジタル機器の使い方を教えてきている「デジタルシニア」育成の第一人者。年齢を超えた学びを提供中。「パソコムプラザ」代表。

著者／牧　壮（まきたけし）

当時100歳の故・日野原重明医師と交流し、インターネットの使い方を伝授したことでも知られる。シニア世代へスマホの積極的な活用を呼びかけるエバンジェリスト。

スマホで解決できる！

年を重ねると誰でも生じる 7つの大きな悩みも……

お悩み 1

物忘れが多くなった……

お悩み 2

孤独感・孤立感がある……

お悩み 3

災害時に頼れる人がいない……

お悩み 4

息子・娘とギクシャクするように……

加齢の悩みの9割は

年を重ねると誰しも、物忘れや体力の衰え、
孤独や心の不安といった悩みを抱えがちです。
でもスマホがあれば、じつは大丈夫なんです！

お悩み 6

体力が衰えて、体のあちこちが不調……

お悩み 5

日々の買い物が億劫《おっくう》になった……

そんな悩み、スマホでらく〜に解決できます！

お悩み 7

することがなくて毎日が退屈……

スマホで 加齢の悩み 解決編

▼カレンダーのアプリに自分の予定を記録！

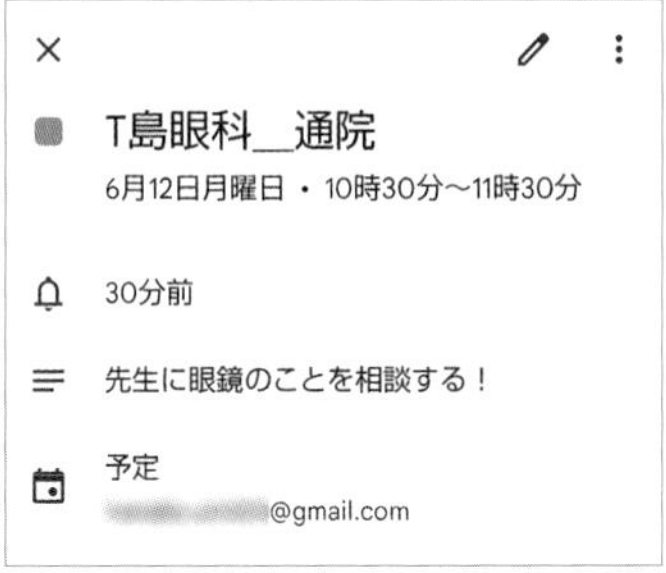

お悩み 1

物忘れが多くなった……

↓

物忘れは「記憶」ではなく、「記録」で解決できる！

〔→詳しくは 88 ページ〕

▼「LINE」で遠方に住む孫と交流！

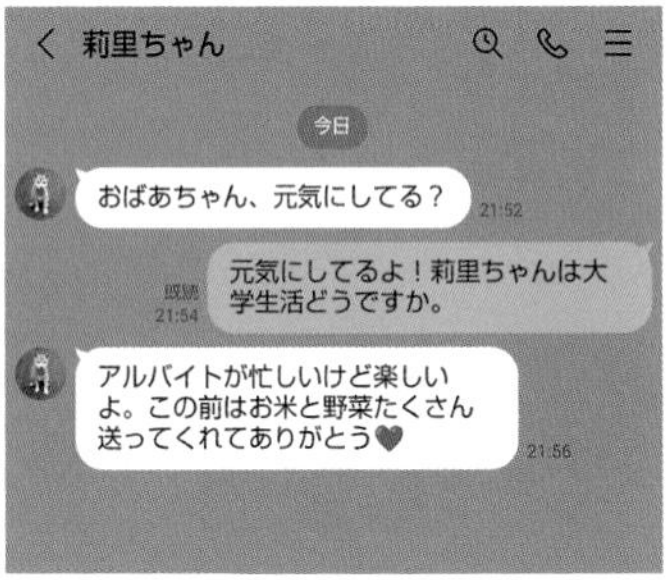

お悩み 2

孤独感・孤立感がある……

↓

孤独にはコミュニケーションの手段を増やして対抗！

〔→詳しくは 104 ページ〕

▼防災のアプリで災害情報を確認！

お悩み 3

災害時に頼れる人がいない……

↓

すばやい情報収集ができて、自分の身が自分で守れる

〔→詳しくは 160 ページ〕

▼明日の自分の予定をスマホに教えてもらう！

お悩み 4

息子・娘とギクシャクするように……

↓

忙しそうな子どもに頼るよりも、物知りなスマホに頼ろう！

〔→詳しくは 81 ページ〕

▼ネットスーパーのアプリで食用品を購入！

お悩み 5

日々の買い物が億劫になった……

↓

スマホで買い物をすれば、労力ゼロで楽しい！

〔→詳しくは 136 ページ〕

▼健康増進のアプリで運動量を記録！

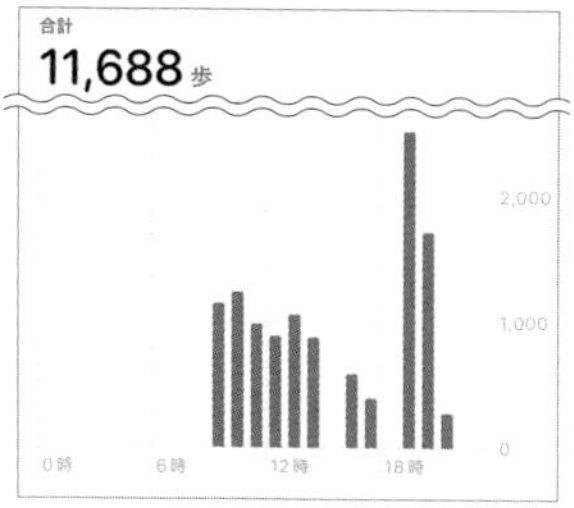

お悩み 6

体力が衰えて、体のあちこちが不調……

↓

スマホ・デジタル機器を使えば、楽しく持続的に体力増進！

〔→詳しくは 98 ページ〕

▼ 1975 年の出来事をスマホで検索！

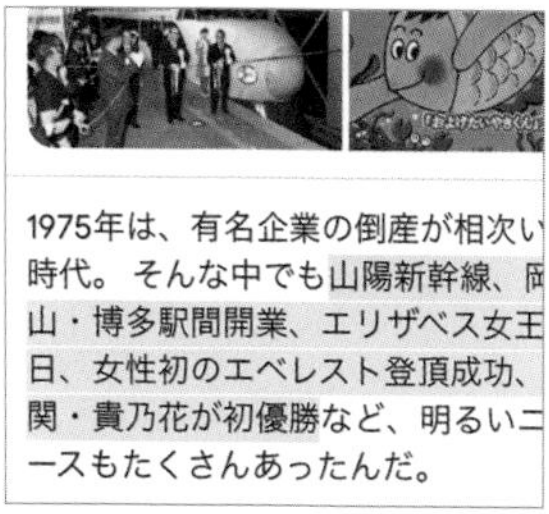

お悩み 7

することがなくて毎日が退屈……

↓

インターネットは〝楽しい〟の宝庫！ 身近なことを調べよう

〔→詳しくは 58 ページ〕

スマホの先輩に聞く

スマホで人生はもっと楽しくなる！

スマホを活用してシニアライフを満喫している「先輩」たちがいます。本書の著者・増田さんのスマホ・パソコン教室に通う70～90代の皆さんにオンライン上で集まっていただき、スマホの楽しさやおすすめの使い方を教えていただきました。

スマホ不要論者だった私が、いまやすっかりスマホに夢中！

中田純子さん（82歳）

「ずっとガラケーのままでいい」と以前は思っていました。いまはスマホに夢中です。SNSのアプリを通じて佐渡島の果樹園農家さんと出会い、2年近く交流を続けています。

▼SNSのアプリのスマホ画面

水島かおる
@kaoru777mizu
きれいに咲きました✨

日々の出来事や感じたことなどを日記感覚で投稿できる。共感したほかの利用者が感想を送ってくることも。

崩しがちな体調や生活習慣を、健康アプリで管理しています

西澤 亘さん（92歳）

スマホデビューは80代。年を重ねると体調を崩すことも増えて、スマホの健康アプリ「ヘルスケア」で体調管理しています。不調に気づきやすくなったほか、生活習慣の改善にも役立っています。

▼「ヘルスケア」のスマホ画面

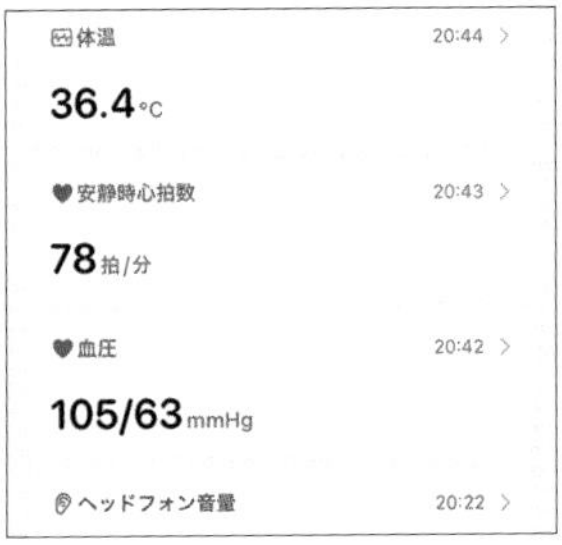

体温	20:44
36.4℃	
安静時心拍数	20:43
78拍/分	
血圧	20:42
105/63mmHg	
ヘッドフォン音量	20:22

「ヘルスケア」アプリでは、血圧や心拍数、睡眠時間などの健康データを記録できる。

お気に入りの地図アプリで、旅行がラクに楽しめるように！

恒松健二さん（72歳）

以前は旅行が好きだったけど、体力が低下して億劫に……。そんな意識を変えてくれたのが、スマホの地図アプリ。旅先の風景を画像で見られるし、旅や経路もラクに探せるのが気に入ってます。

▼地図のアプリのスマホ画面

目的地までの詳しい行き方を検索可能。現在の道路状況や電車の遅延情報を確認できる場合もある。

スマホがあると、自分でできることが多くなる！

後藤正代さん（78歳）

わからないことをスマホで簡単に調べられるってすごい。スマホが使えないと、まわりの人に頼ることが多くなるような気がします。年をとっても、まわりに頼らずに自分の力でいろんなことができるって大事です。

面倒だった買い物が断然楽しくなりました

宮内美保子さん（76歳）

歩くのがつらく、日々の買い出しが大変でした。スマホでネットショッピングをはじめてからは、商品選びから受け取りまでがすべて自宅で！買い物がとても楽しくなりました。孫への贈り物もスマホで買ってます。

最新ニュースをすばやくラクに入手できて便利

小室昭子さん（83歳）

視力が落ちてきて、大好きだった本が読めなくなったのが悩みでした。そんな私の知的好奇心を満たしてくれるのが、ニュースアプリ。文字を簡単に大きくできるので、とても重宝しています。

▼「スマートニュース」のスマホ画面

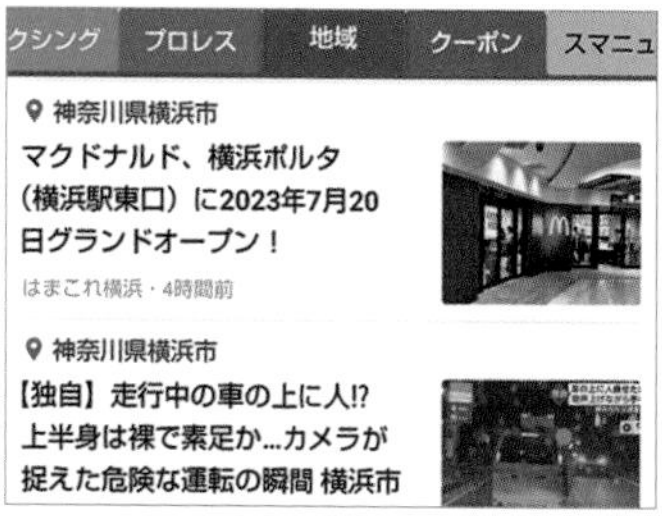

小室さん愛用のニュース配信アプリ「スマートニュース」。政治やスポーツ、芸能など、幅広いニュースをチェックできる。

そのまま使える見本つき!

ＩＤ《アイディー》とパスワードの超簡単「記録」術

ＩＤやパスワードは、シニアにとって管理が大変。そこで増田さんに、簡単で安心な管理術を教えてもらいました。

ＩＤやパスワードは「特製ノート」に記録すべし

ＩＤとパスワード（アカウント）は、スマホサービスを利用するのに欠かせない大切な情報ですが、**覚えようとしなくて大丈夫。**

ノートを一冊用意してください。その**ノートに、各サービスに登録したＩＤとパスワードをひとつずつ記録する**のがおすすめ。忘れたら、ノートを見返せばＯＫ！

「アカウントノート」の記入方法

① 1ページにつき、ひとつのサービスを記録

② ページ上部にサービス名を記入

③ ID、パスワードを丁寧に書く（英字と数字、大文字と小文字の区別はハッキリと）

カメラで読み取って!

この本限定！　そのまま使える「アカウントノート」の見本を配布しています

上の QR コードをスマホのカメラで読み取ると、印刷してそのまま使える「アカウントノート」の見本を入手できます。楽しいスマホライフにぜひお役立てください（QR コードの読み取り方は 21 ページ参照）。

老いに親しむレシピ

老いてこそ、スマホ

年を重ねて増える悩みの9割は、デジタルで解決する

デジタル推進委員アンバサダー
牧 壮

スマホ活用アドバイザー
増田 由紀

主婦と生活社

はじめに —— 増田由紀

この本で紹介している「ＳＮＳ」や「スマホ決済」といった「いま風」のサービスを、若い人たちはラクラク使いこなしているものだとお考えではありませんか？　街中やテレビ番組で、スマホ片手に何やら操作している人々を見ると、そういうふうに見えるのも無理はありません。

でも、年齢が若いから使いこなせているのかというと、じつはそうでもないんですよ。ミドル層の私と同世代のなかにも「ＳＮＳなんて10代、20代の子たちが使うものでしょ？」、「スマホ決済？　怪しいから使いたくない！」という人はいます。また、もっと若い世代のなかにだって、「Ｇｏｏｇｌｅにログインできないよ～。アカウント？　そんなの登録したっけ？」だとか、「よくわからなくて適当にメニューを押したら、変なサービスに申し込んじゃった……。どうしよう！」という人はいるんです。

スマホのことがわからない、怖いと思うのは、シニアに限った話ではありません。

それを知ると、「自分だけじゃなかったんだ」とちょっと安心しませんか？

　私の世代でもスマホを積極的に使うことに尻ごみしたり、無関心だったりする人がいるなかで、本書を手に取り、スマホを使いこなしてみようと一歩踏み出したあなたはすごい！　いまはまだスムーズに使いこなせなくても、「自分に無関係なことじゃないんだ」と思って関心を持った時点で、あなたは時代の流れに乗ったも同然です。

　日頃お付き合いをしているスマホ教室の生徒さんを見ていると、年齢なんて関係ないんだと実感します。**80代で〝スマホデビュー〟した人だっています。**「新しいことはもう覚えられないから……」とネガティブになっていませんか。スマホを触っているうちに、「おっ、これいいな！」というものを見つけたら儲けもの。楽しく使っているだけで、いつの間にかスマホ操作は上達していきます。

　楽しいことや好きなものをきっかけとして、新しい世界を見せてくれるのがスマホです。**いつでも手元にあって寄り添ってくれて、時代の「今」を見せてくれるスマホは、私たちにとって〝最高の相棒〟なのです。**

『老いてこそ、スマホ』CONTENTS

第1章

困ったら、まずはスマホに聞いてみる！
スマホの「検索グセ」が身につけば、老け込まずに済む！

第2章

スマホは、シニアの心強い相棒！

体と心の衰えは、スマホで十分にカバーできる！

第3章

電話やメールよりも便利で楽しい！
家族・社会といつもつながれる！スマホらくらく交流術

第4章

ネットショッピングから、スマホ決済まで——

シニアの買い物は、スマホでもっと楽しくラクになる！

第5章

災害大国ニッポンで暮らすシニアの新常識

災害のときに必要なのは、まずはスマホです！

●本書の掲載情報は2023年9月現在のものです。取り上げているものの販売や配信が中止されたり、内容が変更されたりする場合があります。また、本書に掲載の価格・料金・サービスなどはとくに表示がないものは税込です。
●本書で紹介した製品やアプリ、サービスなどを利用することによって起きた損害などについてはいっさい責任を負いません。ご了承のうえご利用ください。また、本書に関するユーザーサポートは行っておりません。利用相談にも応じておりません。各製品やサービスの提供者、販売会社などにお問い合わせください。
●本書で取り上げている製品、サービス、アプリ、ウェブサイトなどは固有の商品名または商標です。
●機種やOSのバージョン、設定などによっては、画面の表示内容などが誌面に掲載したものと異なる場合があります。

本書のお得な使い方

オマケのQRコードを活用して、詳しい情報を手に入れる!

本書では、もっと詳しく知りたい人のために、
オマケのQRコードを用意しました。ぜひご活用ください。

本書のQRコードの例（→35ページ）

詳しくはこちら!
基本操作
「タップ」をマス
「タップ」はスマホの超基
同時に、多くのシニアが苦手として
コツは、ちから加減と指を離

QRコードとは……

テレビや街中で左のような「QRコード」を目にしたことがある人は多いはず。QRコードは、たくさんの情報がつまったものです。スマホをかざしてそのコードをカメラで読み取ることで、詳しい情報を確認できるようになります。
テレビ番組の情報を補足したり、美術館やコンサートのチケットの代わりとして使われたりと、日常のさまざまな場面で使われるようになっています。

本書に記載されたQRコードを
スマホで読み取ると、
デジタルに関する
より詳しい情報を入手できます。

※ QRコードは株式会社デンソーウェーブの登録商標です。

QRコードの読み取り方

①「カメラ」アプリの絵柄をタップ。

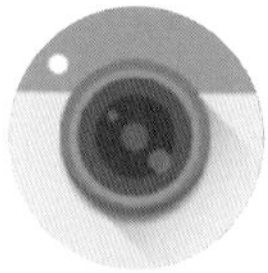

②スマホの画面にQRコードが収まるように位置を調整。

③読み取りが完了し、表示された「QRコードの読み取り成功」をタップすると、QRコードの詳しい情報が表示されます。

①「カメラ」アプリの絵柄をタップ。

②スマホをQRコードにかざし、画面にQRコードが映るように位置を調整。

③読み取りが完了し、表示された黄色の文字列をタップすると、QRコードの詳しい情報が表示されます。

- QRコードからアクセスできるウェブサイトの情報は2023年9月時点のものです。機種や使用しているOSのバージョンなどによっては、画面の表示内容などが異なる場合があります。また、本書の発売からしばらくするとQRコードで見られる記事の情報が古くなっている場合もあります。あらかじめご了承のうえご利用ください。
- QRコードからアクセスできるウェブサイトによる情報提供は、事前の予告なしに終了する場合があります。
- 本書に掲載されているQRコードを利用することによって起きた損害などについては一切責任を負いません。あらかじめご了承のうえご利用ください。
- 本書に掲載されているQRコードについてのユーザーサポートは行っておりません。

シニアのためのスマホ講座・入門編

難しいスマホ用語は覚える必要なし！

「スマホ用語はカタカナ語だらけでわからない！」とお困りではありませんか？　本書にもスマホ用語は登場しますが、その際は、言葉の意味をイメージできるようなたとえ話やエピソードをつけて解説します。このページでは、その一部をご紹介。

【スマホの2大陣営】

スマホには「Android（アンドロイド）スマホ」と「iPhone（アイフォーン）」の2大陣営がある。見分け方は簡単。スマホの背面にリンゴのマークがついていたら「iPhone」。それ以外は「Androidスマホ」です。さて、あなたのスマホはどちら？　本書では、操作の違いがあるものについては、分けてご説明する。

【アプリ】

ホーム画面に表示された、「できることが小さな絵柄で表された看板」のようなもの。たとえば、受話器の絵柄をタップすると「電話」アプリが起動し、電話の機能が使えるようになる。

【アカウント】

遊園地で遊ぶのに「入場券」が必要になるのと同様、スマホの各サービスを利用する際に必要となる入場券のようなもの。アカウント（入場券）を手に入れるには、「ID」と「パスワード」が必要。「ID」とはサービス提供側にあなたが登録する利用者名（ユーザー名）のこと。「パスワード」とは、サービスを利用するドアを開ける鍵のようなもの。IDとパスワードをまとめて「アカウント」と呼ぶことが多い。なお、遊園地の入場券は有料だが、ほとんどのサービスのアカウントは無料で作成可能。

【アップデート】

「アップ（上がる）」という言葉からイメージできるように、スマホやアプリを最新の良い状態に更新すること。使える機能が増えたり、安全性がアップしたりする。

【ログイン／ログアウト】

遊園地で係の人にチケットを見せて入場するのと同様に、スマホの各サービスの入り口では、IDと本人確認のためのパスワードを入力すると、サービスを利用できる状態になる。このことを「ログイン」と呼ぶ。反対に、サービスから退出することを「ログアウト」と呼ぶ。

【ロック画面】

「スマホを安全に使うときの門番」のような役割をする画面。スマホの電源を入れると最初に表示され、パスコード（暗証番号）を入れたり、画面をなぞったり、顔認識や指紋認識などをしたりすることで、ロックが解除され、ホーム画面になる。

【ホーム画面】

小さな絵柄が並ぶ、スマホ操作のスタートとなる画面。アプリをひとつ使ったら一度ホーム画面に戻り、また別のアプリを使うというように、ホーム画面を経由して複数のアプリを使うことができる。「スマホ画面における指令室」のような場所。なお、「ホーム画面に戻る」方法は機種により、画面を下から上になぞる、ホームボタンを押すなどがある。

STAFF

装丁	鈴木大輔（ソウルデザイン）
本文デザイン	仲條世菜（ソウルデザイン）
取材・執筆・編集協力	TEKIKAKU（山﨑理香子）
DTP組版	東京カラーフォト・プロセス株式会社
撮影	岡利恵子、有馬貴子
イラスト	ふるやますみ
校正	株式会社鷗来堂
「老いに親しむレシピ」シリーズ プロデュース・編集	新井晋

序　章

スマホを十分に
使いこなせていないアナタへ……

“スマホ苦手意識”が
すっと消える
7つの新発想

もうガラケーじゃダメだよと息子や娘に言われて買ったものの、なかなか使う気になれないスマホ。仕方なく使ってみたら、変なメッセージが表示されて怖くなったり、使い方がわからなくて子どもに尋ねてみたら、買うことを勧めたくせにイライラして教えてくれなかったり……。そんな悩み、お持ちではありませんか？

アナログ世代のあなたが、スマホに戸惑うのは当然のこと。とはいえ、せっかく買ったものを使わないのは、「もったいない」。

86歳でスマホを軽々と使いこなし、「学ぼうとしないほうが、逆に使えるようになります」という牧さんと、ガラケーで十分と頑固に主張し続けていた89歳の父の携帯電話を、スマホに切り替えて喜ばれた増田さん。そんなスマホ賢者のおふたりに、「有効活用」できるようになるための秘策を教えてもらいましょう。

Question 1

スマホを買いましたが、積極的に使う気にはなれません。どうしたらやる気が出ますか？

牧

Answer

一歩を踏み出せない気持ちもわかります。でも、86歳の私のいまの正直な気持ちは、「スマホのない生活にはもう戻れない！」です。使い方を頭で覚えようとしなければ、いつのまにか使えるようになりますよ。

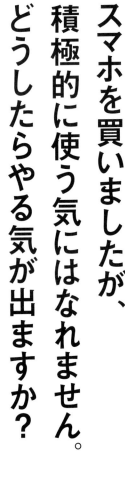

牧　うまくスマホデビューできないシニアは少なくありません。**これまで私が接してきたシニアは、だいたい3つのタイプに分かれる**ように思います。まず、「放っておいてもどんどんスマホを使えるようになる」という人が2割。それから「スマホは嫌。絶対に使わない」という人が2割。残る6割は、「スマホを使えるようにならないと……」と思っていながらも、「怖い、ダマされるんじゃないか」という漠然とした不安を抱えて一歩を踏み出せない人たちです。

増田　私の教室も同じ。少しずつ生徒さんにスマホデビューしてもらったのですが、なかには「最後のひとりになっても私はスマホにしません」という方がいました。家族に「余計なことしないで」と止められている方もいるみたい。

牧　その心配もよくわかるんだけど、**スマホ初心者がトラブルに巻き込まれるということはめったにない**んですよ。用心が必要なのは、操作に慣れはじめたころ。

増田　スマホ初心者が過度に心配する必要はないですよね。

牧　そうです。それに、我々の世代は最初にまずは理屈を覚えようとする。そういう教育を受けてきたからね。でも、スマホは勉強じゃありません。まずは、考えたり怖がったりせずに触ってみること。それが使いこなす第一歩です。

増田　じつは、89歳になる私の父も、「俺はいい。要らない」と言って嫌がっていたんです。でも、私の職業上、父がいつまでもガラケーというわけにはいかない。

牧　増田さんは、スマホ・パソコン教室の先生ですからね！

増田　そこで、誕生日プレゼントとしてスマホを贈りました。最初はやっぱり渋々使っていた。でも、法事のときにコミュニケーションアプリ「LINE《ライン》」で親戚たちと連絡を取り合ったら、必要な連絡や調整などが簡単にできて、父がぼそっと「スマホって便利だな。もっと早く使えばよかった」って……。

牧　「LINE」は、メールや電話よりも気軽にメッセージを送り合えますからね。

増田　ちょっとしたきっかけさえあれば、自然とスマホを始められるようになると思います。年齢によってできないということはない。うちの教室には、90代でスマホを使いこなしている生徒さんもいるんですよ！

Question 2

子どもにスマホの使い方を教わろうとするといつもケンカになってしまいます

増田

Answer

悪いのはあなたじゃありません。息子さん・娘さんにこの本を読ませてほしい。スマホを使えるようになろうと頑張っている親御さんに冷たくすると、将来的に自分が損をすることになりますよ！

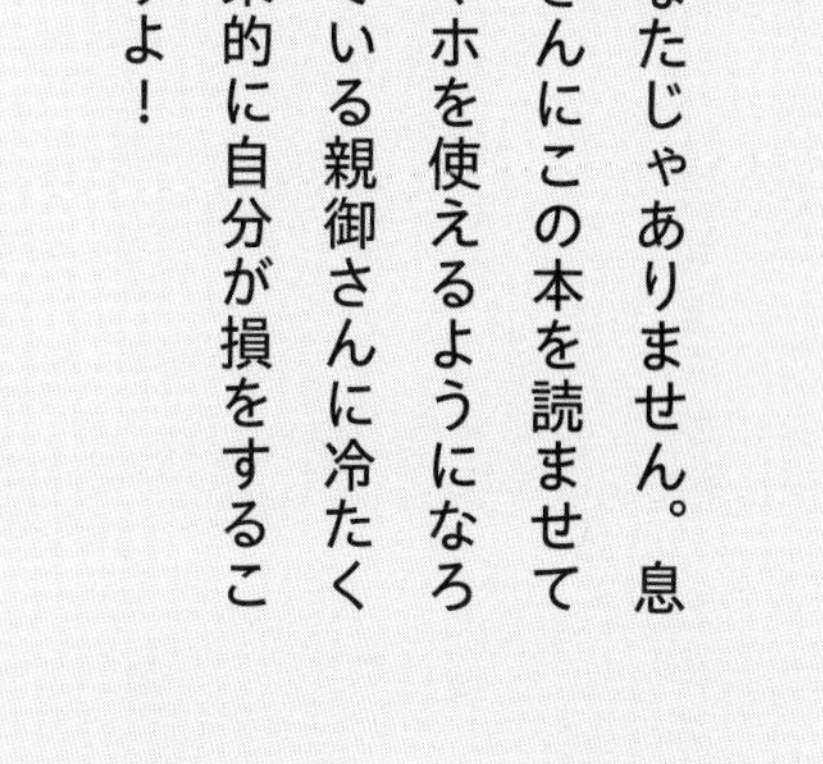

増田　スマホ教室の生徒さんの多くも同じ悩みを持っていました。「子どもに聞くとすぐ怒られるから、家でスマホの質問ができないんです」って。

牧　私は子ども世代から相談を受けることが多いです。スマホのことでケンカになるのは、親子共通の悩みみたいですね。どうしたらいいんでしょう？

増田　長年シニアにスマホの使い方を教えてきた身として、同じく教える立場の子ども世代に伝えたいのは、**「イライラせず辛抱強く親のスマホの練習に付き合うことが、最終的に自分の身を助ける」**ということです。

牧　増田さんのご両親も我々のようなシニア世代で、割と最近になってスマホを使えるようになったんですよね。子どもとして、親がスマホを使えてよかったと強く実感したことはありますか？

増田　コロナ禍ですね。これまでは、親の様子を見に実家にちょくちょく帰っていたんです。でも、コロナでそれが寸断されてしまった。そんなとき、親と私をつなぐ架け橋になってくれたのがスマホ。テレビ電話で、お互いの顔を見ながら気軽に近況報告ができました。親がスマホを使えなかったら、相手の顔が見えない固定電話で様子をうかがうことしかできずモヤモヤしていたと思います。

牧　自分にもメリットがあると感じれば、子ども世代も親に対して穏やかな気持ちでスマホの使い方を教えられるかもしれませんね。

増田　そう！「まだ覚えてないの？」なんて冷たいことは言わずに、親がスマホを使えるようになれば、自分が楽できるんだという気持ちを持ってほしい。

牧　シニアも、子ども世代がスマホに詳しいわけではないことを知っておくといいかもしれません。私から見て、子ども世代が教えることが必ずしも正確でない場合もあるんですよ。**息子さん・娘さんはただスマホを使っているだけで、教えられるほどの専門家ではない。**だから不親切な教え方になったり、親からの質問に「自分だってわからないよ！」とイライラしてしまったりするんです。

増田　当たり前のことだけど、お互いがお互いを思いやる気持ちを忘れないことが大切かもしれませんね。

Question 3

スマホ用語は難しすぎます。「タップして！」と言われてもよくわかりません

牧

Answer

まるで宇宙人の言葉みたいですよね。正確な言葉の意味は覚えなくてもいいんです。「赤ちゃんのほっぺをつつく」といったような、操作の感覚をしっかりとつかむことのほうが大切です。

増田　うちの生徒さんも「スマホ用語は宇宙語みたい」と言っていました。子どもにスマホのことを聞いても、何を言われているかわからないって。

牧　カタカナや略語が多いので、混乱するのも無理はありません。私がシニアにスマホの使い方を教えるときは、よく出るスマホ用語を紙に書いて最初に渡すようにしています。あとは、できるだけ「スワイプ」などのカタカナ用語は使わない。「画面をなぞる」という言い方をしています。これは教える側の息子さん・娘さんも覚えておくとよいですね。

増田　うちのスマホ教室でも同じ。でも、用語をまったく知らないと、ひとりでスマホの説明書を読んだときに理解できません。そこで、よく出てくる用語にはエピソードを交えて親しみやすいように説明しています。「アップデート」は「アップ」「上がる」ということだから、良い状態にすることですよ、といったようにね。**辞書みたいに意味を覚える必要はないけど、字面から意味を連想してみるのはいい**かもしれません。頭の体操にもなりますよ！

牧　よく登場するスマホ用語でいうと、**「タップ」という言葉に困惑するシニアが多い**ようです。

増田　タップはスマホ操作の超基本。つまずくと全部が嫌になっちゃいますよね。教える側は「押す」という言葉で片づけてしまうことが多いけど、それだとちから加減や指を離すタイミングがわかりにくい。牧さんはどう説明してますか？

牧　私は「スマホを赤ちゃんのほっぺに見立ててください」と言っています。「赤ちゃんのほっぺを軽くつつく。これがタップです」と説明すると、いままで画面を強く押し込んでいたシニアが上手にタップできるようになるんです。

増田　赤ちゃんのほっぺをぎゅーっと押す人はいませんものね（笑）。私は日常生活に出てくる、指先の柔らかいところで何かを押す動作に置き換えて「机の上に落ちたゴマ粒を指先で拾い上げるようにしてみてください」って説明しています。そうすると、指が太くて押しているところが見えづらい男性でも、スマホの小さなキーボードをタップできるようになります。

詳しくはこちら！

【実践】

基本操作の「タップ」をマスターする

「タップ」はスマホの超基本操作ですが、
同時に、多くのシニアが苦手としている操作でもあります。
コツは、ちから加減と指を離すタイミングです。

スマホ使いこなしのコツ

赤ちゃんのほっぺをつつくように、かる～くタッチ

押したい部分を「赤ちゃんの頬」に見立て、指先の柔らかいところで１回軽くつついてみましょう。

シニアの奥義

指先が乾燥している場合は、軽く湿らせてタッチする

シニアの指先は乾燥しがち。そのままだと画面に触れてもうまく反応しないので、指先に息を吹きかけるなどして軽く湿らせるといいでしょう。

指先でゴマ粒を拾い上げるイメージでも OK です♪

Question 4

文字入力が苦手です。初心者でも簡単に文字を打つ方法はありませんか？

増田

Answer

スマホの文字入力って、面倒で難しいですよね～。じつは、初心者でも一瞬で文章を打ててしまう魔法のような機能があるんです。まずは文字を「打つ」という固定観念を捨てちゃいましょう！

牧　じつは、私もスマホの文字入力が苦手なんです。スマホのキーボードって小さいし、何度もタップしないといけないから大変でしょう？　書類のような文字量の多いものを作るときは、パソコンを使ってしまいますね。

増田　**文字入力を、大きな壁のように感じるシニアはとても多い**です。文字を打つのに時間がかかるのは構わないけど、打ち間違えて、修正して……を何度も繰り返しているうちに、面倒になってしまうようですね。

牧　「ティッシュペーパー」みたいに、小さい文字や濁点・半濁点がある言葉がとくに苦手です。あとは「おおさか」みたいに、同じ文字が続く言葉も難しく感じますね。でも、手で文字を打たないといけない……というのは思い込み。**スマホには、しゃべった言葉をそのまま文字にできる「音声入力」という機能があります。**この音声入力を使うようになってから、スマホで文字を作成するときのストレスがほぼゼロになりました。シニアにおすすめの機能ですよ。

増田　牧さんも音声入力機能を使っているんですね！　私もシニア向けのスマホ講習

会で必ず紹介しています。

牧　いまの音声入力機能は本当にすごいですよね。ほとんど間違いなく入力できるようになっている。

増田　しゃべったことが、そのまま文字になる。感動的な精度の高さですよね。ガラケーにはない機能だから、スマホの良さをすぐに実感してもらいやすいんです。

牧　スマホという新しい道具には、新しい機能や使い方があると。無理に一文字ずつ「手入力」しないといけない、という思い込みは捨てていいんですよね。「音声入力」があるというラクな気持ちを持つことが大切です。

増田　文字入力でつまずいたからといって、スマホを使わなくなってしまうのは本当にもったいないんですよね。そういった意味でも、音声入力はスマホデビューしたばかりのシニアの背中を押してくれるいい機能だと思います。

牧　もちろん、まだ技術が完璧にはなっていないから、音声をうまく聞き取ってくれなかったところを手入力で修正する必要はありますけどね。でも、その手間はほんのちょっとで済みます。

増田　「帰りに、スーパーでティッシュペーパーと牛乳を買ってきて！」のような、外出している家族へのお願いメールも簡単に打てますよ。文字入力への苦手意識をなくしてくれるので、スマホ教室の生徒さんたちも「これはいい！」としょっちゅう使っています。スマホには、そうした苦手なことをサポートしてくれる仕組みがたくさんあるんですよ。

牧　画面上のボタンを1回タップしたら、あとはスマホを持って入力したい文章を話すだけでいいですからね。**音声入力は、ちょっとしたメモや買い物リストを記録したいときに私も重宝しています。スマホに最初から搭載されていて、気軽に使えるのが本当にありがたい！**

詳しくはこちら！

Android

【実践】応用操作の「音声入力」をマスターする

面倒な文字入力は無理に覚えなくて OK！ ここではメールアプリ「Gmail」を使い、しゃべって文字を入力する「音声入力」を試しましょう。なお、マイク等の設定を済ませておく必要があります。

▼「Gmail」で音声入力を使う画面

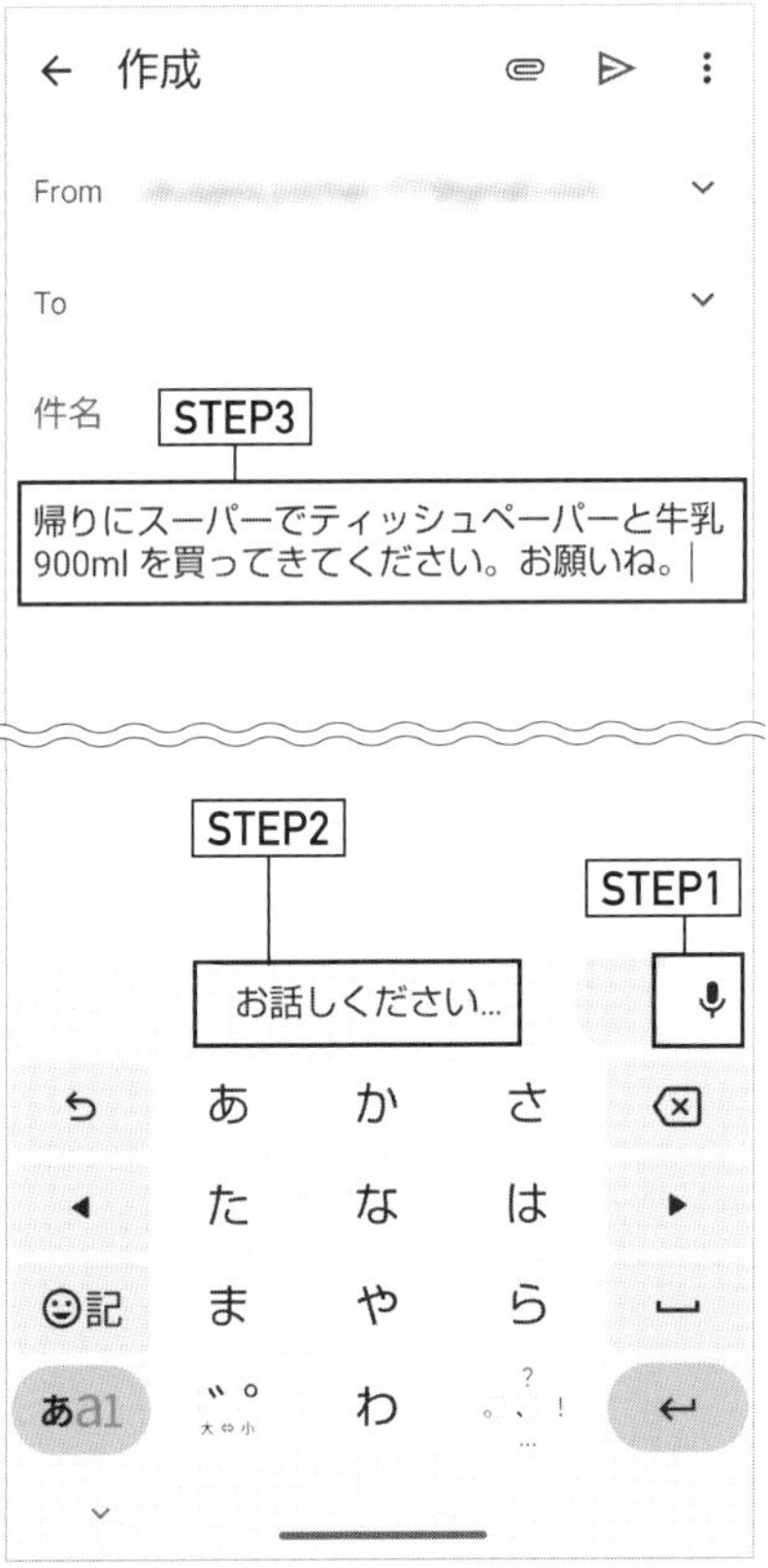

「Gmail」をタップ！

STEP 1

「作成」→「メールを作成」をタップ。キーボードに表示されたマイクの絵柄をタップします。

STEP 2

「お話しください」と表示されたら、入力したい文章を話します。「まる」と言えば、「。」（句点）を入力できます。

STEP 3

もう一度マイクの絵柄をタップして音声入力を終了。誤字がある場合は、あとから手動で修正。

詳しくはこちら！

iPhone

【実践】

応用操作の「音声入力」をマスターする

小さなキーボードに四苦八苦せず、しゃべって文字を入力できる「音声入力」を試しましょう。ここでは「メモ」アプリで、画面右下の絵柄をタップして「新規メモ」画面を表示しておきます。

▼「メモ」で音声入力を使う画面

「メモ」をタップ！

STEP 1

画面右下の「紙とペン」の絵柄をタップして、キーボード下部のマイクの絵柄をタップ。

STEP 2

マイクのボタンが黒色になったら、入力したい文章を話します。「。」（句点）は「まる」と言えばOK。

STEP 3

もう一度マイクの絵柄をタップして音声入力を終了。誤字がある場合は、あとから手動で修正しましょう。

Question 5

スマホの「アカウント」がわからなくなって、サービスを満足に使えません

Answer

IDやパスワードを覚えようとするのは無理なんです。私も全部は覚えられません！「記憶」はやめて、「記録」に頼りましょう。自分の役に立つのはもちろん、子ども世代にも感謝されますよ。

増田　以前、パスワードを忘れて困っている生徒さんに「先生だったら私のパスワードを調べられるでしょ？」と尋ねられたことがあります。そんなことは不可能なんですけどね（笑）。それくらい、**アカウント（IDとパスワード）は、シニアにとって面倒でやっかいに感じる、大きなハードル**ですよね。

牧　そもそもアカウントとは、ネット上のさまざまなサービスを使ううえで必要になる「入場券」のようなもの。IDとパスワードがそろっての「入場券」です。とくにパスワードは、本当にいろいろな場面で入力を求められます。

増田　ウェブ上のサービスやアプリを使う以上、IDとパスワードからは逃れられないと考えたほうがいいでしょうね。

牧　でも、とても簡単に対策できるから大丈夫。**まずは覚えようとするのをやめること。そして、IDやパスワードを入力する機会を増して、サービスやアプリをどんどん使うことが大切**です。そうすれば自然と身につきますよ。

増田　アカウントと上手に付き合うことも大事なんですよ。

牧　シニアは、覚えようとしても、もう覚えられないんです。私も全部は暗記できないので、スマホの「メモ」アプリに記録しています。「メモ」アプリはロックが掛けられるから、もしスマホを落としても第三者に盗み見される心配はありません。

増田　**シニアは、「記憶」よりも「記録」に頼ることが大切**ですね。私のスマホ教室でも、「スマホを持ったら、必ず一冊ノートを作ってください」と伝えています。そこに、作成したアカウントを全部記録してもらうんです。

牧　そのノートがあれば、アカウントの「覚えられない！」「わからない！」から解放されますね。

増田　そうなんです。実家の母にも同じノートを作ってもらいました。サービスやアプリの使い方を聞かれたときにスムーズに教えられるし、母にもしものことがあったとき、それを見て私が代わりにサービスの利用を停止できる。一冊あるだけで、ご本人はもちろん、子ども世代も大助かりですよ！

【実践】

強くて忘れにくい パスワードの作り方をマスターする

覚えられないからといって、複数のサービスに同じパスワードを登録するのは危険です。自分は忘れにくく、なおかつ第三者に盗まれにくいパスワードの作り方を知っておきましょう。

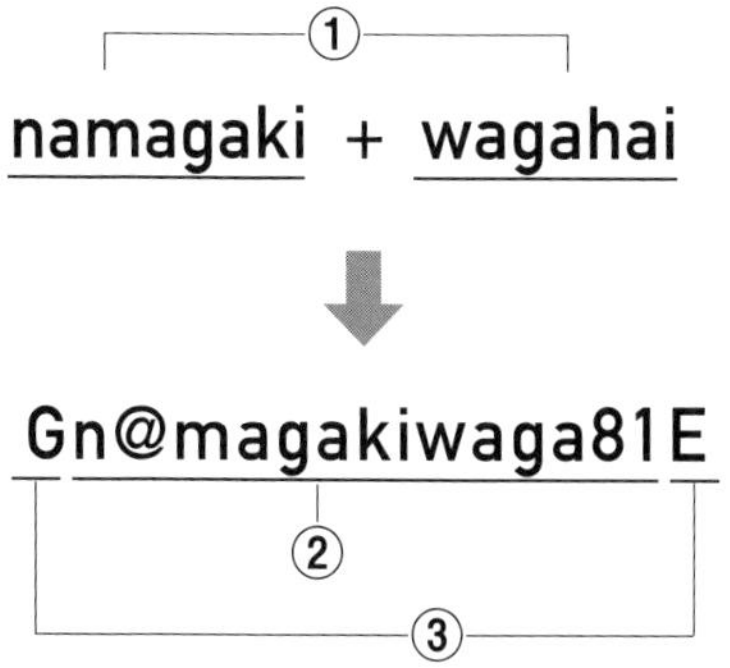

パスワード作りのコツ

ふたつの単語を組み合わせてアレンジしたパスワードを作る

①好きな単語を 2 個用意し、組み合わせます。

②単語の一部を数字や記号にアレンジします（a を @、hai を 81 など）。

③登録するサービス名のイニシャルを、先頭と末尾に入れます（Google の場合、G と E）。

ここに注意！

ほかの人に予測されやすい言葉は避けよう

パスワードの安全性を高めるために、名前のイニシャルや誕生日、英単語などを、そのままパスワードにしてしまうのは避けましょう。これらは、第三者に簡単に予測されてしまいます。

アカウントノート（8 ページ）への記録もお忘れなく！

Question 6

メールやSMSの詐欺《さぎ》が多いと聞きます。ダマされるのが心配でスマホを積極的に使えません

増田

Answer

ニュースによく目を配っていますね！ その姿勢こそが、シニアを詐欺被害から守ってくれるんです。あとは日常生活と同じ。怪しいメールなんて、自宅に届く郵便物のダイレクトメールと一緒です。

牧　銀行やショッピングサイトを装って、電話番号を宛先としたショートメール（SMS）を送り、個人情報をダマし取ろうとする詐欺は少なくありません。シニアは礼儀を重んじるので、詐欺のメールにも「無視は失礼。何か返信しないと」と思ってしまうんですよね。

増田　でも、そういう**詐欺メールは、「あなた」個人に送られてきているものじゃない！**というのを覚えておいてほしいです。

牧　電話番号やメールアドレスは、数字・英字をいくつか組み合わせれば当てずっぽうでも誰かしらに届いてしまいますからね。詐欺をする側は「誰でもいい」と思ってランダムに送っているんですよね。

▼詐欺ショートメールの画面

厚生労働省を名乗る詐欺のショートメール。URL（インターネット上の住所）をタップすると、個人情報を入力させる偽のウェブサイトが表示されます。タップしたり返信したりせず、さくっと削除しましょう。

増田　**家のポストに届く郵便物のダイレクトメールと同じ**なんですよ。自分に関係のない投函物は見ないで捨てている人が大半だと思います。メールやショートメールもそういう感覚で削除してOK。シニアのみなさんがこれまでの人生で培ってきた経験・常識を、スマホの世界にも反映すればいいんです。

牧　デジタルに不慣れなシニアは、スマホを特別なものだと思ってしまうんですよね。特別視はしなくてOK。でもスマホを持ったら、デジタル関連のニュースには注意して耳を傾けるといいでしょう。「自分にも関係があるんだ」と思っていれば、「宅配業者や行政がショートメールで連絡してくることはありません」といったニュースが、必ず目に入ってくるはずです。

増田　「シニアはデジタルとは無関係」と思ってはいけません。母の友人は、孫を名乗る男からスマホにかかってきた話を信じて、お金を振り込んでしまったそうです。孫を思ってしたことなのに、あとで家族にひどく怒られたとか。一方で、「現金が入ったアタッシュケースをなくした」という偽物の息子からの電話を受けたスマホ教室の生徒さんは、ぎりぎりのところで被害を免れました。この差は、普段から関心を持ってニュースを見ているかどうかにあると思います。

牧　その生徒さんは、スマホやデジタルのニュースと自分を結びつける習慣が身についていたんですね。シニア自身も周囲の人も「高齢者はスマホに不慣れだからしょうがない」と思ってしまいがちだけど、それじゃいけない。誰かにお膳立てしてもらおうと思わず、シニアが自分で情報収集をすることがスマホ使いこなしへの近道です。

増田　もちろん、過度に怖がる必要はありませんよ！　とくに、スマホをはじめたばかりの初心者は不慣れだから慎重だし、むちゃな行動をとることもめったにないので大丈夫。心配しすぎず、**普段の生活と同じ考え方でスマホと向き合ってください。**

Question 7

アプリの追加でスマホが便利になるそうですが、個人情報やお金をダマし取られませんか？

牧

Answer

そんなにご心配なさらずに！　アプリの作り手に注目すれば大丈夫。スーパーで野菜やお肉を選ぶのと同じです。あとは、正規のアプリストアを使っていれば、面倒なことはめったに起こりませんよ。

増田　いまは本当に多種多様なアプリがあるから、シニアが戸惑う気持ちもわかります。残念ながら、架空請求をしたり、個人情報を抜き取ったりする悪質なアプリがあるのも事実。こうした詐欺アプリから身を守るために、アプリは**必ず正規のアプリストアから入手してください。**

牧　正規のアプリストアとは、Androidなら「Play《プレイ》ストア」、iPhoneなら「App《アップ》 Store《ストア》」。スマホに最初から用意されているものです。

増田　そうです！　**ウェブサイトやメール、ショートメールに記載されたURLをタップして、アプリを追加するのはやめましょう。**必ず自分で「正規のお店」に行って、確かめてから買い物をする——そんな感覚が重要です。

牧　「買い物」でいうと、スーパーで野菜を買うときに産地や生産者を確認しますよね。アプリも同じように、制作した会社に着目してみるのもよいでしょう。普段どんな活動をしているのか、ほかにどんなアプリを作っているのか、アプリストアで確認することができますよ。

Android

【実践】
「Play ストア」の基本的な見方をマスターする

Android でアプリを追加するには、「Play ストア」アプリを使います。追加の際に表示される画面の見方や、アプリの詳細情報の見方をマスターしましょう。

▼「Play ストア」でアプリを検索した画面

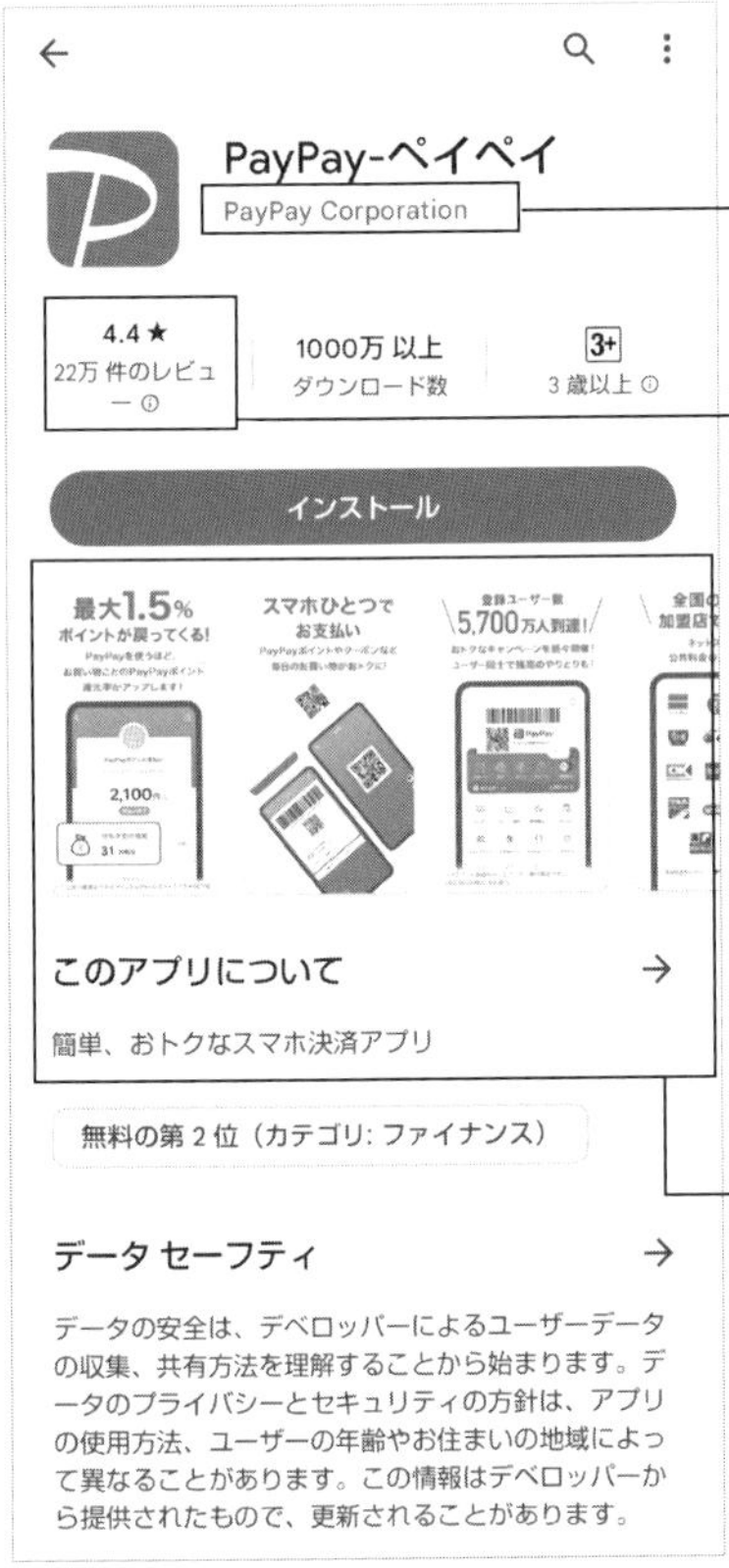

「Play ストア」をタップ!

①アプリの制作会社

表示中のアプリを制作した会社が表示されます。タップすると、その会社が作った別のアプリを確認可能。

②アプリを使った人の感想

タップすると、アプリ利用者の感想を見られます。悪評が多かったり、感想が極端に少なかったりするアプリは避けるほうが無難。

③アプリの詳細

そのアプリでできることを確認できます。「このアプリについて」をタップすると、アプリの用途や特徴が表示されます。

【実践】

「App Store」の基本的な見方をマスターする

iPhone

iPhoneでは、「App Store」アプリを使ってアプリの追加を行います。追加の際に表示される画面の見方と、アプリの詳細情報の見方をマスターしましょう。

▼「App Store」でアプリを検索した画面

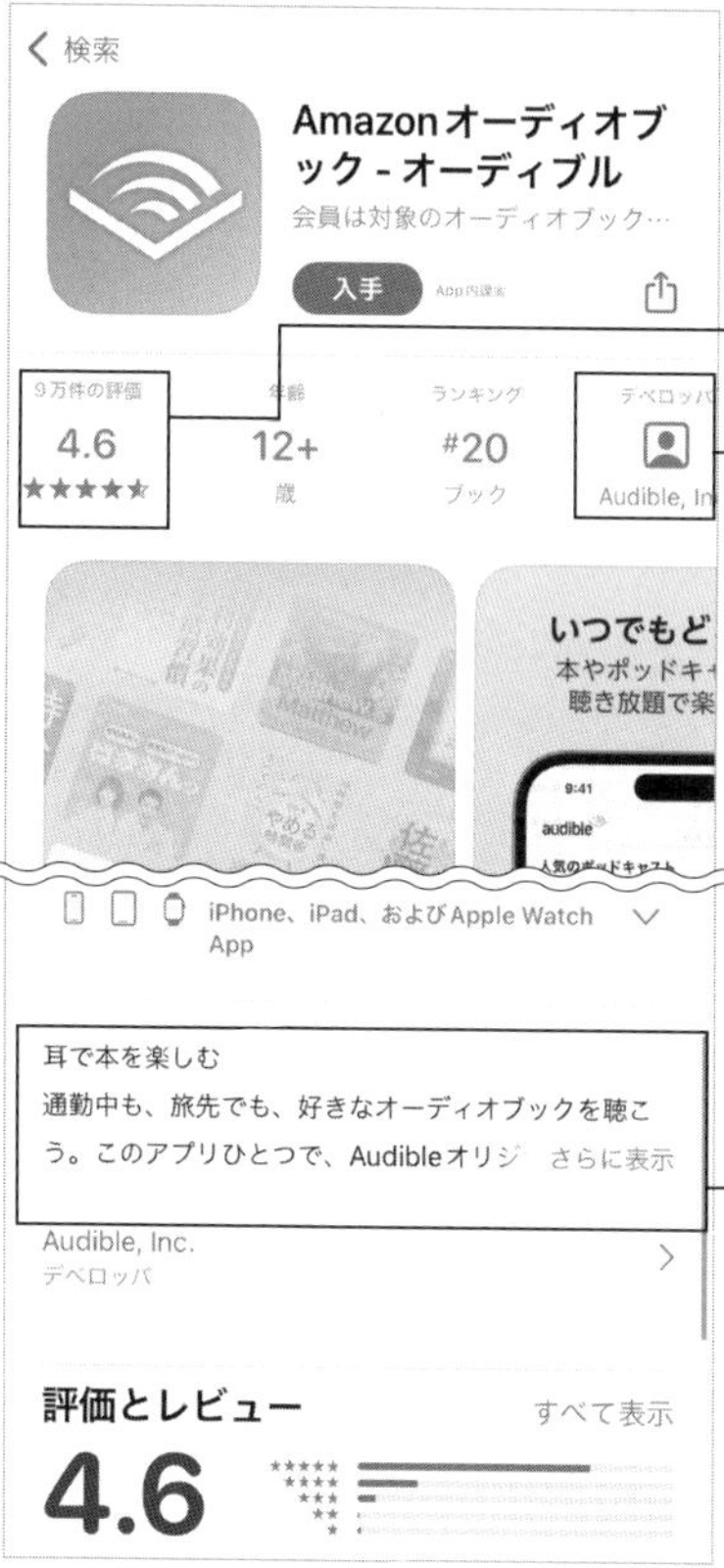

「App Store」をタップ!

①アプリを使った人の感想

アプリ利用者の感想を見られます。悪評が多かったり、評価が極端に少なかったりするアプリは避けるのが無難。

②アプリの制作会社

表示中のアプリを制作した会社が表示されます。タップすると、その会社が作ったほかのアプリを確認可能。

③アプリの詳細

そのアプリでできることを確認できます。「さらに表示」をタップすると、より詳しい説明が表示されます。

シニアに不安を与える「アプリ内課金」やアプリの初期設定、どう考える？

増田　スマホ教室では、「新しくアプリを追加する場合、お金はかかるの？」という質問も多いです。有料アプリもありますが、追加の際に金額が書いていなければ無料で手に入れられますよ。

牧　「アプリ内課金」と書いてある場合も、追加自体は無料でできます。お金がかかるのは、使える機能を増やしたり、広告が表示されないようにしたりするとき。強制ではないので、課金が嫌な場合は無視しましょう。

増田　なかには、最初の1週間だけ無料で使えて、あとは利用にお金がかかるという紛らわしいアプリもあります。最初に支払いを要求するタイプが多いので、お金を払いたくないときは、アプリを終了して削除すれば大丈夫ですよ。

牧　そういえば、同世代のシニアから「アプリを入れたあと、どうすればいいのかわからない」とよく相談されます。アプリを起動したとき、いろんなことを許可するか聞かれるけど、何を言われているのかわからないそうなんです。

増田　そういうとき、**表示された内容をよく読まずに「許可/許可しない」を選んでしまうのはNG。表示される質問内容とアプリの関連性を考えながら、許可するかどうかを考えてください。**たとえば、天気予報のアプリを追加したとします。初期設定で「位置情報の利用を許可しますか？」と聞かれたら、どうします？

牧　「位置情報」は、自分の現在地に関する機能のこと。これだけだと「自分のいる場所が他の人にバレるの？」と不安になりますが、位置情報がわからないままだと、自分のいる場所の天気もわかりませんよね。

増田　そうですね。天気予報を知りたいなら、「許可」を選択しましょう。ほかの質問に対しても、同じように考えていけば大丈夫です。スマホに「使われる」のではなく、スマホを「使う」ようになりましょう。

牧　アプリが聞いてきたことに的確に答え、自由にアプリを追加できるようになれば、楽しみも広がります。怖がりすぎず、自分に合ったアプリを選びましょう。

第１章

困ったら、まずは
スマホに聞いてみる！

スマホの「検索グセ」が身につけば、老け込まずに済む！

最近、「アレ」や「ソレ」で会話することが増えていませんか？

加齢とともに細々したことを思い出しにくくなるのは仕方のないこと。**スマホの中には、そんな忘れっぽくなったシニアを楽しく手助けしてくれる、心優しい助っ人がいるんです。**その助っ人の名前は「インターネット」。テレビで見たあの芸能人の名前、書こうとしていたあの漢字、今日の献立や明日の天気まで、あなたが抱く疑問に対して最適な答えを紹介してくれます。

「インターネットは子どもと違って、同じことを何回聞いても怒らないんです」と牧さん。増田さんは、「知りたいことがスッキリわかると、脳の体操になります」と語ります。そんなおふたりに、インターネットでシニアの生活を快適にするアイデアや、いま世界が注目している最新技術について教えてもらいました。

Question 8

インターネットは便利と聞きます。でも、何が便利なのかがイマイチわかりません！

牧

Answer

ネットはどうやって使えばいいのかわかりにくいですよね。まず、あなたの生まれた年を検索してみてください。どんな出来事があった年なのかが出てきます。それをきっかけに、いろいろな思い出が蘇りませんか？

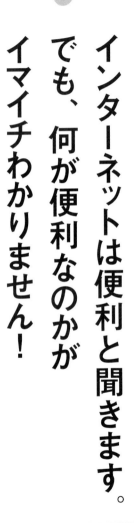

増田　「インターネット」（ネット）は、スマホで調べものをしたいときにとても便利！……というようなことは漠然と知っていても、具体的に何を調べればいいのかイメージできないシニアはとても多いです。

牧　「何でも好きなことを検索して」と言われてもポカンとしちゃいますよね。**私はネットの面白さを知ってもらうためのひとつの方法として、皆さんの出身地を検索してもらうことにしています。**ネットでは、場所を検索すると、その周辺の細かい地図を見られるんです。そうすると、「あの店、まだあるんだ」とか「昔この公園でデートしたな」といったことを思い出してくるんですよ。

増田　脳へのいい刺激になりますね！　私もスマホ教室で、インターネットを使って「懐かしいもの」に触れる体験をしてもらっています。たとえば、**生まれたときや青春時代に社会で起こった出来事を検索してもらう。**

牧　「1960年　出来事」のようなキーワードを入力して検索するんですね？

増田　そうです！　そうやって検索すると、自分が若いころに見ていた俳優さんだとか、流行っていた歌だとかが表示されるんですよ。それまで興味がなさそうだった生徒さんが、「面白い！」と身を乗り出してくれる。

牧　ネットの楽しさを知る良いきっかけになりますね。「次はこんなことを調べてみよう」という意欲も湧きます。好きな芸能人やスポーツ選手がいる場合は、その人の名前を検索してみるのもいいですよ！

増田　スマホ教室の生徒さんのなかには、テレビで見た言葉の意味をネットで検索している方もいました。私も同じ使い方をしています。大河ドラマを観て、知らない歴史用語が登場したらパッと調べる。すぐに答えがわかるだけ

▼生まれた年の出来事を検索した画面

「Chrome」アプリに「1950年　できごと」と入力して検索した画面。1950年に起きたことが記されたウェブサイトがいくつか表示されます。

でなく、関連情報も出てくるからスッキリするんですよ。

牧　**知的好奇心をすぐに満たせるのがネットの魅力**ですよね。長く生きていても、「なんでだろうな」という疑問が出てくるのが人間ですから。「何も知らなくていいや」と思うようになったら老け込んじゃいますよ。

増田　スマホでネットを使いたいときは、Androidなら「Chrome《クローム》」、iPhoneなら「Safari《サファリ》」というブラウザアプリを使います。どちらのアプリも、スマホに最初から用意されていて、気軽に使いはじめられますよ！

▼スマホで使える代表的なブラウザアプリ

← Chrome（クローム）
Android にはじめから用意されている、Google 社提供のブラウザアプリ。

← Safari（サファリ）
iPhone にはじめから用意されている、Apple 社提供のブラウザアプリ。

Question 9

テレビや新聞で情報はしっかり得ています。ネットが使えなくても別にいいんじゃない？

増田

Answer

テレビ・新聞で十分と思う気持ちもわかります。でも、「いま」知りたい情報があるときは、ネットのほうが断然便利なんです。外出先でも災害時でも、ネットは即座にあなたの役に立ってくれますよ。

牧　「テレビと新聞があるからネットはいい」というシニアは少なくありません。ニュースや天気予報なんかは、毎朝テレビでチェックできますからね。

増田　慣れ親しんだテレビや新聞のほうが便利と思うのも当然です。でも、ネットには、テレビ・新聞では絶対に得られない良さがあるんです！

牧　そのとおり！　私はまず、**ネットの良さは「自分がいま知りたいことにぴったり合った情報を得られる」点にある**と思っています。それが発揮されるのが災害時。たとえば、台風が接近しているとします。テレビで報道しますよね。

増田　「いま○○地方に台風が上陸して、こんなに風が強いです」といった情報がテレビから得られます。

牧　でも、テレビが教えてくれるのは一般的な情報までです。

増田　そうなんです。「うちの地区はいつ雨風が強まるんだろう」とか「近所の川は大丈夫かな」といったことまでは教えてくれませんからね。だからって川の様子を見に行くのはもってのほか！

牧　「××地区に住む自分」にぴったりな気象情報を教えてくれるのが、ネットなんです。「市町村名　台風」と入力して検索するだけでOK。停電に関する情報や、自治体が発信する避難所の情報まで得られます。

増田　停電になればテレビは見られなくなるけど、スマホでネットは引き続き見られますしね。

牧　スマホとネットがあれば、ひとり暮らしの不安感もかなり軽減されます。増田さんが考えるネットの良さはほかにありますか？

増田　自分の知りたいと思ったタイミングで情報を得られる点ですね。テレビの場合、ニュースの放送時間に合わせて、自分がテレビ

▼住んでいる場所の雨雲レーダーを検索した画面

世田谷区 雨雲レーダー
すべて　ニュース　画像　ショッピング　動画
ウェザーニュース
https://weathernews.jp › ... › 東京都
東京都世田谷区雨雲レーダー
東京都世田谷区のリアルタイムな雨雲の動きを、1時間前から実況、6時間先までの予報を確認できます。現在地から目的地までのズームも簡単！雨雲モードへの切...
tenki.jp
https://tenki.jp › ... › 世田谷区

ネットでは、住んでいる地域の雨雲レーダーの様子を調べることも可能。近年多発しているゲリラ豪雨から身を守るのに活用できます。

の前に行かないといけない。新聞も届かないと読めません。でもネットは、24時間365日、自分が知りたいと思ったときに疑問に答えてくれるんです。お出かけをしたときにも同じことが言えますね。テレビやパソコンを背負っていくわけにはいかないけど、スマホならどこでも持っていける。しかも、**ネットで一度調べた情報はスマホに保存しておける**んですよ。

牧　自分で覚えておかなくてもいいんですよね。

増田　そうなんです。忘れたらスマホに聞けばいい。息子・娘じゃ、こうはいきません。「このあいだ教えたじゃないか」と怒られてしまうから（笑）。

牧　スマホは、ご主人様にそんな悪口は絶対に言いません。文句ひとつ言わずに健気に付き合ってくれます。上手に付き合えば、スマホもネットもシニアのいい相棒になりますよ。

増田　そのとおり。テレビ・新聞とは違い、スマホを自分に合わせる。必要な情報は自分で取りにいくんだということを、頭の片隅に置いておいてくださいね。

牧

Question 10

調べたいことがあっても、上手に検索できません。何かコツはありますか？

牧

Answer

調べたいことがあるという好奇心、素晴らしいです！　上手な検索のコツは、「キーワード選び」にあります。ちょっと練習は必要ですが、勘所さえつかめば脳トレ感覚で楽しくキーワードを考えられますよ。

牧　いまのネットでは、知りたい情報に関する言葉を入力して検索する「キーワード検索」が主流。どんなキーワードを入力するか。その言葉の選び方が、上手な調べ物のカギを握っています。たとえば、自分のＡｎｄｒｏｉｄスマホの反応がものすごく鈍くなって、その対処法をネットで調べるとしましょう。そのとき、単に**「スマホ　故障」と入力するのと、「Ａｎｄｒｏｉｄスマホ　タップしても反応しない」と入力するのでは、自分が必要としている情報が表示される度合いがまったく違ってきます**。

増田　「故障」といっても、落として画面が割れたとか、充電できないとか、いろいろな種類がありますからね。日常会話と同じかもしれません。漠然と質問するより、聞きたいことを具体的にして伝えたほうが相手も答えやすい。

牧　そうですね。加えて、日常会話では、ちょっとずれた答えが返ってきたときに、「そうじゃなくて、こういうことが聞きたいんだけど」と質問し直します。ネットでも同じ。必要な情報が見つからなかったら、キーワードを違う言い回しにしてもう一度検索しましょう。言葉探しは、頭の体操にもなりますよ。

増田 何度聞き直してもネットは怒らないから大丈夫！ 何度でも言葉を入れ替えて検索してみてくださいね。検索の際によく組み合わせて使われる言葉を知っておくのもいいかもしれません。物事の概要や意味を知りたいときは、「○○とは」と入力。山の高さやスポーツ選手の強さといった順位を知りたいときは、「ランキング」というキーワードを付け足すのがおすすめです。

牧 検索のときによく使う言い回しは、実際にネットを使ってみないとなかなか身につかないですね。検索結果を見て、「これはこんなキーワードで調べればいいのか」と芋づる式に学ぶことも結構ある。まずは練習あるのみです。

▼短文を入力して検索した画面

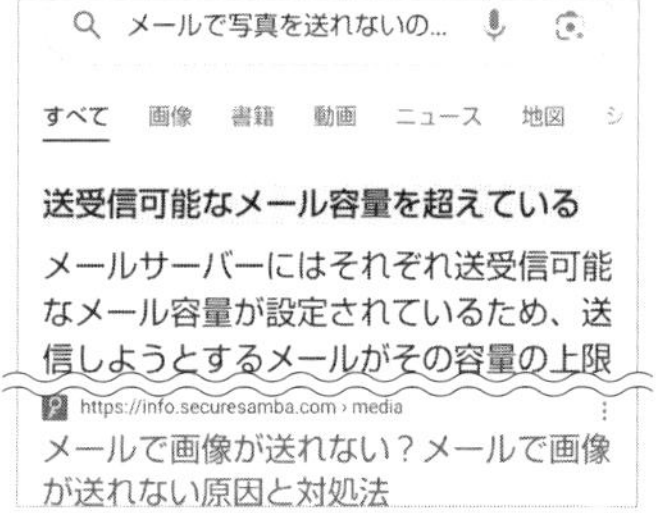

メールで写真を送れないの...
すべて
画像
書籍
動画
ニュース
地図
送受信可能なメール容量を超えている
メールサーバーにはそれぞれ送受信可能なメール容量が設定されているため、送信しようとするメールがその容量の上限
https://info.securesamba.com › media
メールで画像が送れない？メールで画像が送れない原因と対処法

「無理に単語で検索しなくてもいいですよ」と増田さん。「メールで写真を送れないのはなぜ」といった短文を入力するのもひとつの手段です。

Question 11

怪しい情報やウイルスが怖いです。どうすればネットを安全に使えますか？

増田

Answer

怖がらなくて大丈夫！　あなたが危ないサイトを見分けられなくても、スマホが見分けてくれます。あとは、インターネットの「歩き方」を知っておくだけでＯＫ。安心して楽しく調べ物ができるようになります。

牧　私の知り合いに、夫婦で行く温泉地を検索したら、旅館の予約サイトばかり表示されたという方がいました。どのサイトを見ても「いつ泊まりますか？　お支払い方法はどうしますか？」と、いろんな入力画面が出てくる。「このままだとお金を取られるんじゃないか？」と不安になったそうです。

増田　その方は、気づかないうちに広告サイトに辿りついてしまっていたんですね。ネットでは、検索したキーワードに関連する広告が、検索結果に表示されることがあるんです。検索結果で「広告」や「スポンサー」と小さく表示されるので、見分けるのはそう難しくありませんよ。

牧　広告は、検索結果画面の上位に表示されることが多いのでついタップしてしまうんですよね。広告提供側もそれを狙っている。

増田　検索結果画面の上位はいわゆる一等地。お店や予約サイトが占領してしまうのはある意味当然のことです。でも、調べものをしたのに宣伝・広告ばかり表示されると面白くありませんよね。**検索の際は、とりあえず一番上に出てきた情**

報をタップするのではなく、検索結果の下のほうまで確認してみてくださいね。

牧　検索結果の画面を「長い巻物」のように考えるといいかもしれません。広告ばかり見てしまうのは、広告が集中する巻物の上の部分しか読まないのと同じ。画面を上へ上へと指でなぞっていけば画面の下に隠れている部分が現れて、多種多様な情報を検索できていることに気づけますよ。

増田　ちなみに、広告サイトは有害ではないので安心してください。不必要な情報だと思ったら、何も入力せずに「戻る」のメニューをタップすればいいんです。

▼広告サイトが表示された画面

広告サイトは、検索結果画面で「スポンサー」と表示されます。画面を指で上方向になぞっていくと、広告以外のサイトも見られます。

【実践】

検索結果画面の見方をマスターする

検索結果画面の基本的な見方をマスターしましょう。広告サイトを見分けるポイントや、検索を手助けしてくれる機能を知れば、調べものをより楽しめるでしょう。

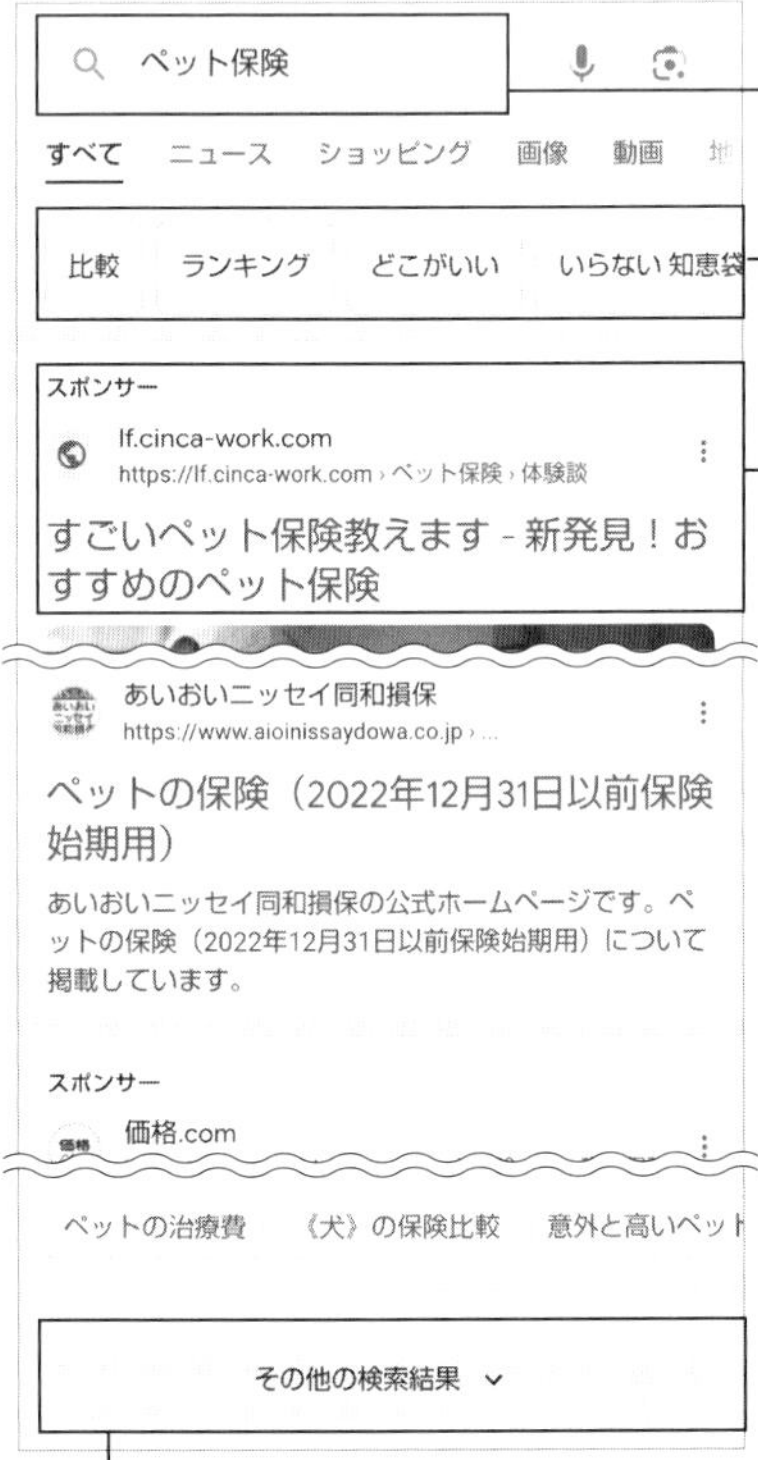

◀「Chrome」で「ペット保険」と検索した画面

①検索欄

知りたいことに関するキーワードをここに入力して検索します。

②検索候補

検索した物事について、ほかの人がどんなキーワードを追加して検索しているのか確認できます。

③広告サイト

左上に「スポンサー」と表示されています。避けたい場合、画面を上方向になぞって、「スポンサー」と表示されていないサイトを探しましょう。

④その他の検索結果

現在表示されていない、より多くの検索結果を表示できます。

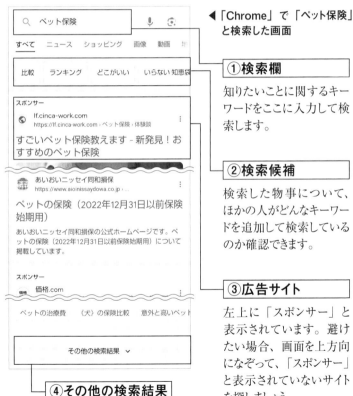

有害なサイトは、あなたではなくスマホが見分ける

増田　個人情報をダマし取ったとか、ウイルスに感染させたといったネット関連の犯罪ニュースに、不安を感じるシニアも多いようですね。

牧　パソコンでネットを使った経験があったり、家族から注意されたりしているんでしょうね。そうした警戒心を持つのはとても良いことですよ！　とはいえ、有害サイトを見分けるのはじつは難しいんです。

増田　ダマす側も手口を巧妙化させていますからね。ＵＲＬや連絡先をチェックするなど見分ける方法は一応あるけど、デジタルに不慣れなシニアにそれをやれとは言えないですねぇ。

牧　でも、安心してください。**スマホの基本ソフトウェア（ＯＳ）を最新状態に更新していれば、あなたの代わりにスマホが危ないサイトを見分けてくれます。**

増田　有害サイトを表示した際、「この接続ではプライバシーが保護されません」や

「偽のサイトにアクセスしようとしています」と警告してくれるんですよね。

牧　そうです。基本ソフトウェアの状態は、Android、iPhoneともに「設定」アプリから確認できます。ネットだけでなくスマホ自体を安全に使うのに必要なことなので、頭の片隅に置いておいてくださいね。加えて、**Androidなら「Chrome」、iPhoneなら「Safari」と、はじめから用意されているブラウザアプリを使って検索することも大切です。**

増田　なかには、本物そっくりに「あなたのスマホはウイルスに感染しました」と偽の警告画面を表示する有害サイトもあります。目的は、危険なアプリを追加させたり、どこかに電話させたりして個人情報を盗むこと。本物の警告画面は強制したり、制限時間を強調して煽《あお》ったりはしないので、すぐに見分けられます。

牧　いずれにしろ、何らかの警告画面が表示された場合は、慌てずブラウザアプリを終了させ、ホーム画面に戻りましょう。難しいことはスマホ側にお任せして、まずはネットを使った調べ物を楽しんでみてくださいね。

詳しくはこちら！

【実践】

OSのバージョンを更新する方法をマスターする

スマホには、「OS」というスマホを動かすための基本ソフトウェアが入っています。安全性を高めるために、最新状態になっているのを定期的に確認してみましょう。

▼Androidの「設定」画面

「設定」をタップ！

STEP 1

画面下部の「システム」をタップし、「システムアップデート」をタップ。「最新の状態です」と表示されたら、何もしなくてOK。

STEP 2

「アップデート利用可能」と表示された場合、詳細を確認して「ダウンロードしてインストール」をタップ。

▼iPhoneの「設定」画面

「設定」をタップ！

STEP 1

「一般」をタップし、「ソフトウェアアップデート」をタップ。「iOSは最新です」と表示された場合、何もしなくて大丈夫。

STEP 2

「ダウンロードとインストール」と表示された場合、それをタップして更新。

Question 12

もっとラクして、ネットで調べものをする方法があれば助かるのですが……

牧

Answer

ネットは自分主体で使うものだからちょっと面倒に思えますよね。でもじつは、あるんです、あなたに代わって面倒なことを考えてくれるサービスが！　上手に使えば、頭のいい秘書のように役に立ってくれますよ。

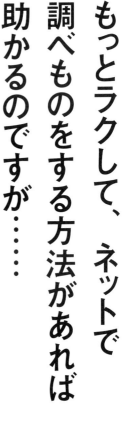

増田　ネットは慣れさえすれば必要な情報をすぐ入手できます。でも、最初のうちは、キーワードを捻り出したり、広告サイトとそうでないサイトを見分けたりと、自分で意識的に考えながら使わないといけないんですよね。それがちょっと大変だと思うシニアもいると思います。

牧　そういう方の役に立つんじゃないかなと思って、私がいま注目しているサービスがあります。それが、**アメリカの「OpenAI《オープンエーアイ》」という会社が提供している「ChatGPT《チャットジーピーティー》」。**

増田　私も注目しています！　AI（人工知能）と文字でやりとりできるんですよね。

牧　そうです。たとえば、「富山県の名産品を教えて」と入力すると、「富山県はこんな土地柄で、こんな魚介類が有名ですよ、ブラックラーメンなんていう名前のグルメもありますよ、いい場所だからぜひ訪れてみてくださいね」といったことをまとまった文章で回答してくれる。

増田　文章も自然ですごいですよね。**従来のネットは、検索に対して「10件の検索結**

果があります。このなかから見たいものを選んでくださいね」という図書館の司書のようなものでした。でも、**ChatGPTは「こうですよ」と答えを出してくれる秘書**のような存在。自分でウェブサイトを選ぶ必要がないんです。ただし、まだ成長途中で、事実とは違う回答をしてくることもあるので注意が必要ですけどね。

牧　ChatGPTのすごいところは、まだありますよ。人間の代わりに面倒なことを考えてくれるんです。たとえば「70代夫婦の夕食の献立を考えて」と入力すると、栄養や食べやすさ、消化のしやすさに配慮した献立の候補をいくつか提案してくれる。さらに、「旬の野菜を使った

▼「ChatGPT」の使用例

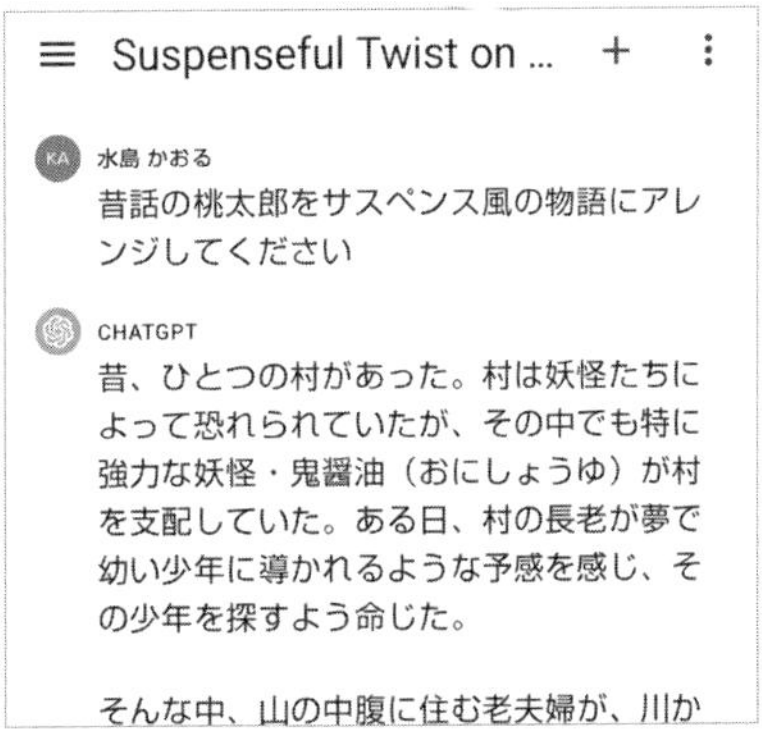
Suspenseful Twist on ...
KA
水島 かおる
昔話の桃太郎をサスペンス風の物語にアレンジしてください
CHATGPT
昔、ひとつの村があった。村は妖怪たちによって恐れられていたが、その中でも特に強力な妖怪・鬼醤油（おにしょうゆ）が村を支配していた。ある日、村の長老が夢で幼い少年に導かれるような予感を感じ、その少年を探すよう命じた。
そんな中、山の中腹に住む老夫婦が、川か

ChatGPTでは、条件を指定した物語や文章を考えてもらうことも可能です。画面は、「桃太郎のお話をサスペンス風にアレンジして」とお願いした様子。

料理を追加して」と注文をつけると、先ほどの回答を修正して、また提案しなおしてくれます。

増田　私のスマホ教室では先日、ＣｈａｔＧＰＴに結婚式のスピーチを考えてもらうという授業をしました。「甥っ子の結婚式で、３分間スピーチをします。甥はサッカーが大好き。新婦は宝塚の大ファン。こんなふたりに贈るメッセージを考えて」と条件をつけて入力すると、そのまま使えるくらい綺麗な文章でスピーチの原稿を考えてくれるんです。生徒さんも、「私たち、すごい時代に生きているのね」と大喜びでしたよ。

牧　そう実感できるのも、日々スマホの練習をしているからでしょうね。普段から使い慣れていればこそ、新しいものを受け入れる柔軟性が生まれるんですよね。

増田　そうですね。**これからは、シニアの生活を手助けしてくれるＡＩのサービスが次々に登場してくると思います。**それに備えて、まずはスマホに慣れることからはじめてみるといいですね。

詳しくはこちら！

【実践】

注目のAI「ChatGPT」の基本をマスターする

「ChatGPT」は、要望に合わせてさまざまなアイデアも提案してくれます。アプリストアから「ChatGPT」アプリを追加し、3日分の夕食の献立を考えてもらいましょう。

▼「ChatGPT」の画面

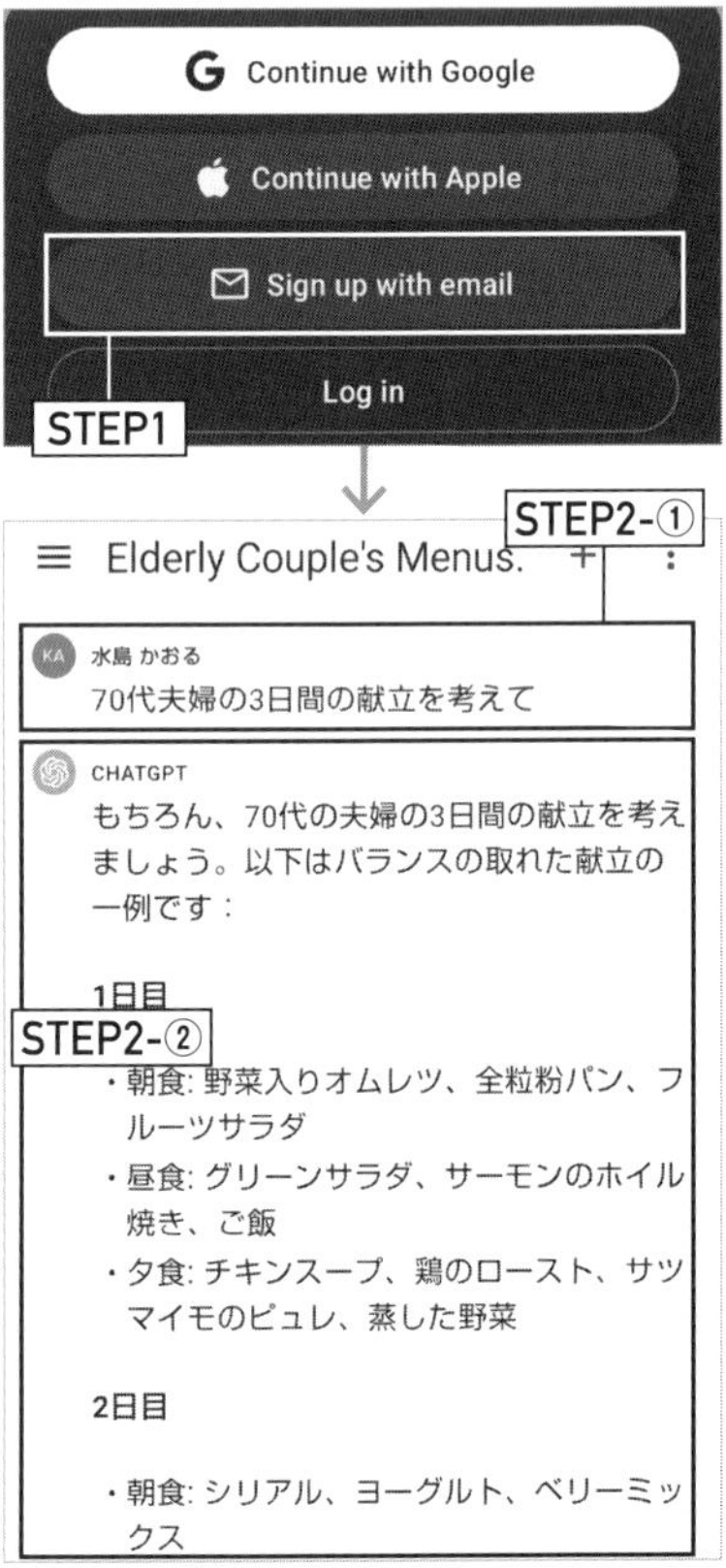

「ChatGPT」(※)をタップ！

STEP 1

「Sign up with email」をタップし、手順に沿って利用登録をします。

STEP 2

①入力欄に、「70代夫婦の3日間の献立を考えて」と入力して送信すると、②献立を提案してくれます。さらに「和食中心にして」と送信すると、和食の献立を再提案してくれます。

※「ChatGPT」アプリを追加する際は、類似アプリに注意が必要。提供会社が「OpenAI」になっているかを確認しましょう。

Question 13

AIに興味を持ちました。スマホでもっと気軽に使うことはできませんか？

Answer

その好奇心、すばらしいです！　いまお使いのスマホにもAIは搭載されていますよ。しかも、スマホに向かってしゃべるだけで質問に答えてくれるので、文字を打つのが苦手なシニアにぴったりなんです。

牧　じつは、みなさんがいま使っているAndroidやiPhoneでも、便利なAIを気軽に利用できるんですよね。

増田　そうなんです！　Androidなら「Googleアシスタント」、iPhoneなら「Siri《シリ》」というAIを利用できるんです。話しかけてAIとやり取りできるので、「音声アシスタント」という呼び方もされていますよ。

牧　たとえば、**「明日の天気は？」とスマホに向かってしゃべるだけで、「明日は晴れで、最高気温は20度で……」と答えてくれる**わけですね。文字入力が苦手なシニアにとってはありがたい機能です。

増田　加えて、音声アシスタントは調べものができるだけでなく、スマホの一部の操作を自分の代わりにやってくれるんです。たとえば、「3分タイマーをかけて」と話せば、自動でタイマーをセットして3分経ったら教えてくれる。

牧　時計アプリを起動して、タイマーに切り替えて、タイマーを3分にセットして……ということを、自分の代わりにやってくれるんですよね。料理中で手が離せないときに便利！　ほかにも、「元気ですか？」と聞けば「元気ですよ、あなたはどうですか？」と答えてくれるなど、ちょっとしたおしゃべりが楽しめるのもいいですね。**「今日は誰ともしゃべっていないなあ」なんて日があったら、音声アシスタントと会話してみるといい**んじゃないでしょうか。

増田　口を動かすのは大事な運動ですからね。音声アシスタントはスマホ本体のボタンを押したり、アプリを起動したりするだけで起動できます。しゃべるときは、無理に滑舌をよくしたり、声を大きくしたりしなくて大丈夫。

牧　普段と同じように話せば聞き取ってくれるから優れものですよ。あとは、やってほしいことを頭に思い浮かべてから音声アシスタントを呼び出すこと。最初に「えーっと……」と間が空くと、うまく利用できない場合があります。

増田　人を呼び止めたあとに「何を話そうかな」と考え込んでしまうのと同じですからね。でも、たったそれだけのことに気をつければ、誰でも簡単に使えますよ！

詳しくはこちら！

Android

【実践】Google アシスタントの使い方をマスターする

「Google アシスタント」アプリ（ない場合はアプリストアから追加）を使い、実践してみましょう。まずは、「明日の天気」を質問し、どんな反応が返ってくるか見てみましょう。

▼「Google アシスタント」の使用例

「アシスタント」をタップ！

STEP 1

アプリの「Google アシスタント」が起動し、「はい、どんなご用でしょう?」と表示されます。

STEP 2

マイクの絵柄をタップ。スマホに向かって、「明日の天気は?」と話しかけましょう。

STEP 3

検索結果が表示されました。結果をタップすると、詳細情報を確認できます。

詳しくはこちら！

【実践】

Siri の使い方をマスターする

iPhone

iPhone には、声で操作できる AI「Siri」が搭載されています。ここでは、「明日の天気」を質問し、どんな答えが返ってくるか見てみましょう。

▼「Siri」の使用例

STEP 1

スマホの右側面にある電源ボタンを長押し（※）。画面下部に Siri が起動します。

STEP 2

スマホに向かって、「明日の天気は?」と話しかけます。

STEP 3

検索結果が表示されました。結果をタップすると、詳細情報を確認できます。

※本体の下部にホームボタンがある機種の場合は、ホームボタンを長押しします。初回の場合、「Siri をオンにする」をタップします。

第2章

スマホは、
シニアの心強い相棒！

体と心の衰えは、スマホで十分にカバーできる！

記憶力の低下や視力の衰え、持病など、何かと制約を受けることが多いシニアの体。「昔はあんなに活動的だったのに」と昔を懐かしんで、心までズーンと重くなってしまうこともあるでしょう。

でも、いまは「人生100年時代」。まだ終わらない人生を諦め気分で過ごすのはもったいない！ **スマホは、あなたの心身を軽くしてくれる心強いサポーターになります。**

御年86歳の牧さんは、スマホを肌身離さず持ち歩くことで「安心して物忘れができる」と語ります。また、お知り合いのなかには、アルツハイマー病で記憶力の低下に悩みながらも、スマホを上手に活用することで再び人生を楽しめるようになった方がいるんだとか。長年スマホ教室を開いている増田さんも、シニアたちがどのようにスマホを生活に役立てているか紹介してくれました。

Question 14

最近、物忘れが多くて困っています。スマホやネットで何とかできないものでしょうか

牧

Answer

加齢による物忘れは仕方がないですよね。でも、諦める必要はないんです。私の知り合いには、脳の一部の失われた機能をスマホで上手に補って、いきいきと人生を楽しんでいた人だっていました！

増田　忘れたくない物事は、「記憶」ではなく「記録」する習慣を身につけましょう！　ＩＤやパスワードのときと同じですね。私もちょっとした物忘れはよくありますよ。細々としたことを覚えておくのはスマホの役目。**「メモ」アプリに、日々の予定や買い物リストといった細々したことを記録**しています。

牧　スマホ教室の生徒さんも「メモ」アプリをよく使っていますね。教室で質問したいことや、テレビで見ていいなと思った本をメモするなど、備忘録として活用することが多いみたい。手で入力するのが億劫《おっくう》なら、「音声入力」を使えばＯＫ！

増田　**「カレンダー」アプリもシニアの役に立ちますよ**。設定した日に、音や振動でお知らせしてくれる「アラーム」機能が搭載されているんです。「今日は病院に行く日ですよ」とスマホが教えてくれるから、カレンダーにメモしたこと自体をうっかり忘れてしまっても大丈夫。

牧　アラームはスマホならではの便利機能ですよね。見たい予定を検索してすぐに表示できるのも、物忘れに困っているシニア必見の機能。「いつだっけ？　なんだっけ?」というモヤモヤをすっきり解消して、脳を活性化できちゃいます。

牧　紙の手帳にはない、シニアを助ける機能が満載ですね。スマホは手帳と違って家に置いてきてしまうということも少ないから、外出先でも好きなときに予定やメモを見返せる。**だから私は安心して物忘れをしています。**

増田　「安心して物忘れ」、シニアの自信につながる素敵な言葉ですね！

体や脳の失われた機能をスマホでカバーすれば、人生をまた楽しめる

牧　私も以前、増田さんのようにシニアに向けてスマホの使い方を教えていたことがありました。そこに、若年性アルツハイマーになった人が「仲間に入れてください」とやってきた。認知症のせいで会社を辞めざるをえなくなったんだけど、「脳の全部がやられてしまったわけじゃない。まだ機能している部分をどうしようか」と前向きに考えたそうです。

増田　そこで、牧さんの教室に目をつけたと。牧さんも予想外の生徒さんだったんじゃないでしょうか。

牧　ええ、最初は驚きましたよ。スマホが認知症予防に役立つかもと思ってはじめた教室だけど、まさかアルツハイマーの人まで来てくれるとは思いませんでした。そこで、スマホの基本的な使い方や、地図アプリ、公共交通機関の乗り換え案内をしてくれるアプリを教えました。率先して練習してくれる人でね、乗れなくなっていた電車にもまた乗れるようになったんです。新幹線で大阪まで旅行にもいったそうですよ。

増田　すごい！　スマホという新しいものを学ぶことが、その方の脳へのいい刺激にもなったかもしれませんね。

牧　会社を辞めた直後は落ち込んだそうですが、スマホを活用しはじめてからはいきいきと人生を楽しんでおられました。スマホは医療機器ではないけど、失われた機能を補うことに役立つので、物忘れ対策におすすめですよ。

【実践】

カレンダーアプリの使い方をマスターする

家庭行事やご近所付き合い、通院など、多忙なシニアの日々。
大事な予定はカレンダーアプリに記録しましょう。
ここでは「Google カレンダー」アプリを例に解説します。

▼「Google カレンダー」の画面

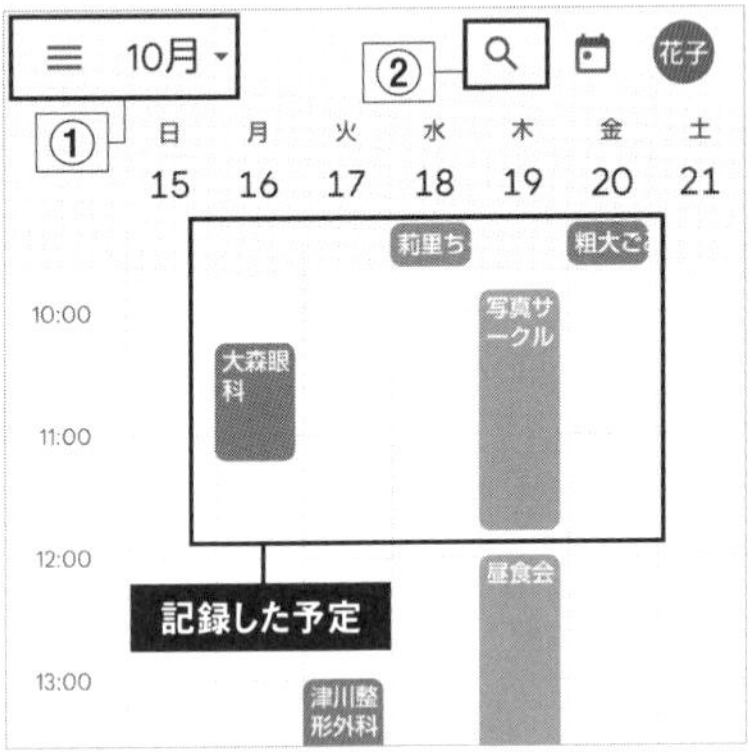

「Google カレンダー」をタップ!

①月や週、日の切り替え

見たい月、週、日に切り替えられます。数年前／後の予定も表示可能。

②予定を検索

見たい予定に関するキーワードを入力すると、該当する予定が表示されます。

▼予定を登録する画面

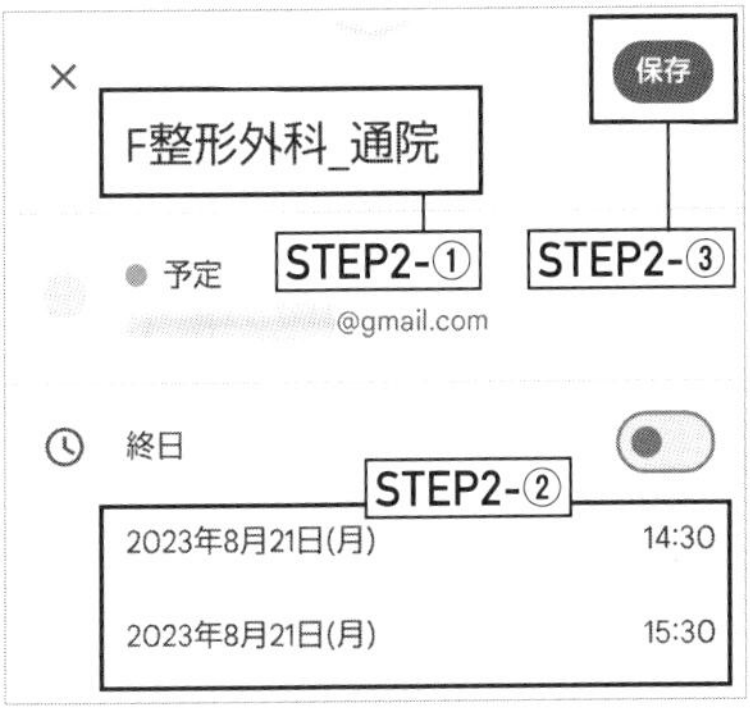

STEP 1

「カレンダー」アプリの画面右下にある「+」をタップ。「予定」をタップします

STEP 2

①どんな予定かを入力。
②予定の日時を選択し、
③「保存」をタップすれば登録完了。

Question 15

視力が弱まり、文字を読むのが辛くなりました。読みたいものはまだたくさんあるのに……

増田

Answer

うちの母も、視力の衰えに悩んでいました。でも、アプリを活用したら、大好きな読書を諦めずに済んだんです。スマホは、これまでとはちょっと違った「読む」体験を味わわせてくれますよ。

牧　文字がどんどん読めなくなってきて辛いという気持ち、わかります。私も新聞が読みにくくなりました。世の中の情報につねにアンテナを張っていたいという気持ちはあるのに、視力のほうが追いつかないんですよ。「どうしたもんかなぁ」と、ちょっと悩みましたね。

増田　いずれはみんな老眼になりますから。私も他人事じゃありません。牧さんがどうやって対処しているのか、ぜひ聞いておきたいです！

牧　簡単なことですよ。情報収集のやり方を変えたんです。**紙の新聞にこだわるのをやめて、文字を大きくできるスマホでニュース記事を読むようになりました。**スマホは「設定」で文字のサイズを変えられるし、「ピンチアウト」で見たい部分を拡大することもできますからね。

増田　「ピンチアウト」は、2本の指で画面を押し広げるようにする操作のことですね。「タップ」と同じようにスマホの基本操作だから、覚えておいて損はありません。

牧　いまは大手だけでなく、地方の新聞社もネットでニュースを配信しています。

新聞が届くのを待たずに最新ニュースをキャッチできるし、外出先でも読めるので良いことづくしですよ。昔よりも情報収集が楽になりました。

増田　世の中の最新動向に興味を持っているシニアって、いつまでも若々しいですよね！　じつは、私の母も同じ。小説を読むのが好きなんだけど、目が衰えてきて本が読めなくなったといっていました。

牧　趣味のことができないとなると、人生にも張り合いがなくなってしまいますね。

増田　私もそれが心配で。知的好奇心を失ってほしくなかったので、「Audible《オーディブル》」

▼「Audible」の画面

Audible
開発：Audible,Inc.
プロのナレーターや声優の朗読をスマホで聴けるアプリ。国内外のベストセラーや小説、自己啓発本などが配信されています。月額 1,500 円。

というアプリを紹介しました。朗読を聴くことで読書ができるサービスです。紙の本と違って手が塞がらないから、家事の合間にも楽しめるといって喜んでいました。母はそれで趣味を続けられたけど、**家電の説明書や食品の成分表、市販薬の説明書などに印刷されている小さな文字が読めなくて、日常生活で困っているシニアも多い**そうですね。

牧　そういうものは大抵小さな文字で書かれていますからね。でも、スマホのカメラ機能を使えばあっさり解決できますよ。**よく読みたい部分をスマホで撮影して、その写真を拡大すればいいんです。**

増田　スマホで撮った写真も、「ピンチアウト」操作で大きく表示できますからね。

牧　カメラ機能は、どのスマホにも最初から用意されているのでお手軽です。ピンチアウト操作と組み合わせれば、即席の拡大鏡になってくれますよ！

【実践】

基本操作の「ピンチアウト」をマスターする

写真や文字を拡大できる「ピンチアウト」操作は、
老眼が気になるシニアの味方。Android は「フォト」、
iPhone は「写真」アプリで、ピンチアウト操作を試してみましょう。

スマホの使いこなしワザ

親指と人差し指をぐ〜んと広げて写真を拡大!

撮った写真を表示し、画面に片手の親指と人差し指を置き、そのまま2本の指を押し広げましょう。

シニアの奥義

元の大きさに戻したいときは「ピンチイン」操作

拡大しすぎた、元の大きさに戻したいという場合は、親指と人差し指の間隔を縮める「ピンチイン」操作をします。摘まむような感覚で行いましょう。

画面にぴったりつけた2本の指を、ゆっくり広げましょう。家電の型番のような小さな文字もはっきり読めますよ!

Question 16

持病やケガが心配で、家にこもりがちです。デジタルの力でどうにかできませんか？

牧

Answer

シニアになると心配が尽きませんよね。デジタルと医療を組み合わせた技術はどんどん進歩しています。私も心房細動の持病がありますが、デジタルに助けられて外出を思いっきり楽しんでいますよ！

牧　最近は、**スマホやアプリ、デジタル機器と医療・健康を組み合わせた新技術が次々に登場**しています。これはシニアにとって希望が持てることです。

増田　本当にすごいスピードで進歩していますよね。スマホ教室の生徒さんに、スマホアプリと連動した補聴器をつけている方がいました。日常会話のときは「一対一モード」、音楽ライブに行ったときは「コンサートモード」と、周囲の環境に合わせて聴こえ方をアプリで変更できるそうなんです。

牧　それはいいですね。アプリといえば、エクササイズやウォーキングのためのアプリもありますよね。活用している生徒さんはいますか?

増田　まさに、ウォーキングアプリを上手に使って体力作りに役立てている方がいます! ウォーキングアプリでは、スマホを持って歩いた距離や歩数を計測できるだけでなく、毎日の歩数の目標も設定できるんです。

牧　明確な目標があれば頑張りやすいですよね。

増田　その方も同じことを言っていました。目標達成が見やすいグラフで表示されるおかげもあって意欲が続いたそうです。東海道五十三次の道のりを歩くアプリや、歩きながら花を集めたり、ポイントをためたりできるアプリなど、楽しい健康アプリはたくさんあるんですよ。運動不足が気になる人は使ってみてください。**Androidは「Google Fit《フィット》」、iPhoneは「フィットネス」アプリを試してみるのがおすすめ**ですよ。

牧　じつは私、心房細動という持病があるんです。

増田　そうだったんですか。心臓があまりよくないとなると、ちょっとした外出も不安になってしまいますね。

牧　いえいえ、スマートウォッチの「Apple《アップル》 Watch《ウォッチ》」のおかげで、日々のお出かけやゴルフを楽しんでいますよ！　腕時計のように**腕に巻きつけるデジタル機器で、体に密着させた部分から脈拍などを測定**してくれるんです。自分では気づけない体の不調も教えてくれるので助かっています。

増田　お医者さんがつねにそばにいるような状態ですね。スマートウォッチには転んだことを検知して、設定した相手に連絡を送ってくれる機能もありましたよね。

牧　急な体調不良や熱中症で倒れてしまう可能性も高まってきたシニアにぴったりな機能です。以前、ゴルフをやっている途中で転んで、スマートウォッチのアラームが鳴ったことがありました。スマホと連動させてメールのやり取りなんかもできるから、本当に優れものですよ。

増田　監視カメラで転倒を検知する**見守りサービスもあるけど、多機能性を考えればスマートウォッチのほうがお得**かもしれませんね！

▼スマートウォッチの例

Apple Watch Series 8

右のスマートウォッチはiPhoneを製造しているApple社製。59,800円〜。ほかにも、Androidに対応したスマートウォッチもある。

第３章

電話やメールよりも
便利で楽しい！

家族・社会と
いつもつながれる！
スマホらくらく交流術

今日、あなたは何人の人と会話しましたか？

高齢者の独居率は年々増加傾向にあります。それに伴い、シニアの社会的な孤立が問題視されているのです。とはいえ、忙しい息子・娘に頻繁に電話をするのは迷惑だろうと、自らコミュニケーションを諦めていないでしょうか。

SNS（ソーシャル・ネットワーキング・サービス）は、孤立しがちなシニアと、家族、社会をつないでくれる架け橋的存在。活用すれば、電話やメールよりも気軽に、そしてより多くの人々と楽しくコミュニケーションを取れるのです。一見ハードルが高いように見えても大丈夫。普段からSNSを使いこなしている牧さんと、スマホ教室の生徒さんたちと日頃からSNSで交流している増田さんに、その便利さやシニアが安心して使うコツを教えてもらいました。

Question 17

LINEは便利だと聞きますが、電話やメールを使えれば必要ないですよね？

Answer

そう思うのも無理はありません。でも、人とつながる機会が減りがちなシニアは、ひとつでも多くコミュニケーションの手段を持っていたほうがいい！　入院した際も、LINEがあれば寂しさが紛れます。

増田　「LINE《ライン》」は、「友だち」に登録した利用者同士でメッセージのやり取りができるアプリ。年齢に関係なく、スマホを持っているほとんどの人が主な連絡手段として利用しているんじゃないでしょうか。

牧　**メールやショートメールでも連絡は取れますが、LINEはより気軽に使えるんですよね。**わざわざ「○○さん、こんにちは。牧です。いかがおすごしでしょうか」と面倒な前置きを書く必要がないんです。件名も必要ありません。いきなり「こんにちは、来週ランチに行きませんか？」と送っていい。おしゃべり感覚で使えるから、自然とやり取りの頻度が上がります。増田さんは、スマホ教室の生徒さんたちとLINEでよく連絡を取り合っているそうですね。

増田　そうなんです。LINEでは、相手と一対一で連絡を取れるだけでなく、複数人で集まってメッセージを送り合える「グループ」機能もあるんです。それを活用して、スマホ教室の担当クラスの皆さんとつながっています。

牧　クラスのグループではどんなやり取りをしていらっしゃるんですか？

増田　生徒さんのお誕生日に、私が「○○さん、今日はお誕生日ですね」とクラスのグループＬＩＮＥにメッセージを送ります。そうすると、皆さんからも「○○さん、お誕生日おめでとう！」が届くんです。

牧　その生徒さんは嬉しいでしょうね！　誕生日をわざわざ祝ってもらえるなんて、この年ではなかなかありませんから。自分でも忘れかけているくらいです。

増田　誰かが誕生日を覚えてくれているって、嬉しいことですよね。これが電話やメールになると、「そこまですることでもないしなぁ」とためらってしまうでしょう？　でもＬＩＮＥならすごく気軽にそういうことができるんです。ちょっとした嬉しいことをみんなに共有できるっていいですよね。

牧　すてきなことですね。私の周囲のシニアたちに人気な機能が、文字の代わりに送信できる画像「スタンプ」です。人や動物のキャラクターが描かれていて、「うれしい！」といった感情や、「おやすみ」「ＯＫ！」といった挨拶をそれひとつで伝えられるんですよ。文字を打たなくて済むからラクですね。

【実践】

コミュニケーションアプリ「LINE」の基本をマスターする

「LINE」は、多くのスマホ利用者が使っているコミュニケーションアプリ。あなたも利用してみれば、身近な人たちとこれまで以上に気軽に、頻繁に交流できるでしょう。

▼「LINE」のメッセージ画面

LINE
開発：
LINE Corporation

「友だち」登録した家族や友人と無料で連絡を取れるアプリ。メッセージは吹き出しの形式で表示されます。表情豊かな「スタンプ」を送れるのも特徴。

利用登録が必要

アプリストアから「LINE」を追加したら、利用登録を済ませましょう。電話番号や、LINE 用パスワードなどの登録が必要です。

入院時、LINEが心のよりどころに

牧　シニアになると入院の可能性も高まりますよね。私の周囲でも、あの人がやっと退院したと思ったら今度は別の人が入院……というのがしょっちゅうです。

増田　スマホ教室でもそうです。92歳の生徒さんが、オンラインでの授業中に手がしびれると言って中座されて、そのまま入院！　なんてこともありました。

牧　入院中ってやっぱり孤独を感じるんですよね。やることがないし、家族だって頻繁に見舞いに来られるわけじゃありませんから。

増田　コロナ禍ではとくにそうでしたよね。**LINEは、入院時の寂しさを紛らわせるのにもぴったり**なんですよ。生徒さんが入院されたときは、「調子はどうですか？　病院のご飯は美味しいですか？」とメッセージを送るんです。そうすると、だいたい「美味しくない」と返ってきます（笑）。皆さんメールも使えるけど、こうした日々のやり取りは、いちいちメールするような内容でもない

から、LINEがいいんですよね。

牧　よほど親しい間柄でないと、電話やメールで世間話をしようとはなかなか思えません。でも、LINEだったらそれが気軽にできる。**病室ではひとりだけど、スマホがあれば誰かとつながっていられる**わけですね。

増田　そうなんです。LINEでは、自分が送ったメッセージを相手が読むと、「既読」と表示されます。「これ読んでくれたんだ」とわかるだけでも、ひとりじゃないと実感できます。「自分の帰りを待ってくれている人がいる」と思うだけで、ちょっと気分が軽くなりますよ。

▼「LINE」で「既読」がついた画面

自分のメッセージを相手が読むと、「既読」と表示されます。相手のメッセージを自分が読んだときも、相手の画面に「既読」と表示されます。

牧　入院はしないにしても、シニアになればなるほど人とつながる機会は減ってしまうんですよ。子どもは独立するし、昔の友だちは亡くなっていきます。だから、そのぶん交流できる手段は増やしたほうがいいと思いますね。

増田　私もそう思います。**交流する人数が減ってしまったら、手段を増やしてカバーする。誰かとつながれる術は、電話やメール、対面以外にも持っていたほうが絶対にいい**ですよ。スマホなら、ビデオ通話も簡単。今後、何らかの事情で外出できない、会いにいけないという状況になっても、スマホとネットが使えれば、場所と時間を気にせず交流を続けられます。だから、平常時から、スマホでつながるやり方に慣れておくことが大事ですね。

Question 18

LINEでは、メッセージのやり取り以外にどんなことができるんですか？

増田

Answer

いろいろなことができますよ！　たとえば、写真や動画の共有。スマホで撮った写真を、その場ですぐに友だちに送れるんです。私のおばは、この機能を使って退屈な入院生活を楽しく乗り越えました。

増田　気軽にメッセージを送れることだけがＬＩＮＥの魅力ではありません。シニアの楽しいコミュニケーションを手助けする機能が満載なんですよ。

牧　驚くほどいろいろなことができますよね。私が良いなと思うのが、メッセージと同じ感覚で写真や動画を送れること。我々世代の常識でいうと、メールで写真を1枚送信するのって手間だったじゃないですか。受け取る側も、時間をかけて写真をダウンロードしないといけなかった。

増田　写真の画質もそれほどよくなかったですしね。

牧　そうですね。でも、ＬＩＮＥなら一瞬で写真を送れるし、受け取るほうもすぐに見られる。画質も悪くありません。**友人とのランチで撮った写真をやり取りしたり、離れて暮らす家族に孫の写真を送ってもらったりと、楽しいことを気軽に共有できるのがＬＩＮＥ**なんですよ。

増田　コミュニケーションの幅が広がりますよね。私のおばが入院したとき、ＬＩＮＥでいろいろなおもしろ動画を送ってあげたんです。そしたら「ゲラゲラ笑って元気が出たわ」と言っていました。

牧　孤独感を紛らわせることができたんですね。入院している私の知り合いも、「病室の窓からこんな風景が見えるよ」とか、「今日はこんな食事だったよ」と写真を送ってきてくれます。受け取るこっちも、「調子はよさそうだな」と安心できる。家族ならなおさらほっとするでしょうね。

増田　私がよく使うのが通話機能です。ＬＩＮＥには、声で会話ができる「音声通話」と、お互いの顔を見ながら会話できる「ビデオ通話」という2種類の通話機能があります。ビデオ通話は生徒さんともよくしますよ。

牧　どちらも無料で、制限時間なしで使えるんですよね。

▼「LINE」で写真を送信した画面

LINEでメッセージと一緒に写真を送った様子。一度に複数枚の写真を送ることも可能です。

増田　なかなか会えない遠方に住むいとこととも、時々LINEのビデオ通話をします。「雪、降ってるの？　見せて！」とか、「送ってもらったもの、今おいしくいただいているよ」とか。顔の見える交流って楽しいですよね。メールだったら、わざわざ写真を撮って添付して……と、ちょっと面倒でしょ？

牧　そうした離れて暮らす人とのコミュニケーションのほかに、家族とのちょっとした業務連絡にもビデオ通話は便利ですよ。

増田　そうですね。たとえば、奥さんに「牛乳を買ってきて」と頼まれたとします。でも、いざスーパーに行ったら、ご主人はどの牛乳を買えばいいのかわからない。そこで、奥さんにLINEのビデオ通話をかけます。陳列棚をスマホのカメラで映しながら「どの牛乳？」と聞けば、「その手前にあるやつよ」と教えてもらえるわけですね。

牧　相手を選んでビデオ通話を押すだけだから、本当にちょっとした場面でも気軽に使えるんですよね。

詳しくはこちら！

【実践】

LINE の「ビデオ通話」をマスターする

離れて暮らす家族や友人に近況報告をしたいときに役立つのが、LINE の「ビデオ通話」機能。「友だち」登録した人同士で無料で利用でき、制限時間はありません。

▼「LINE」のビデオ通話画面

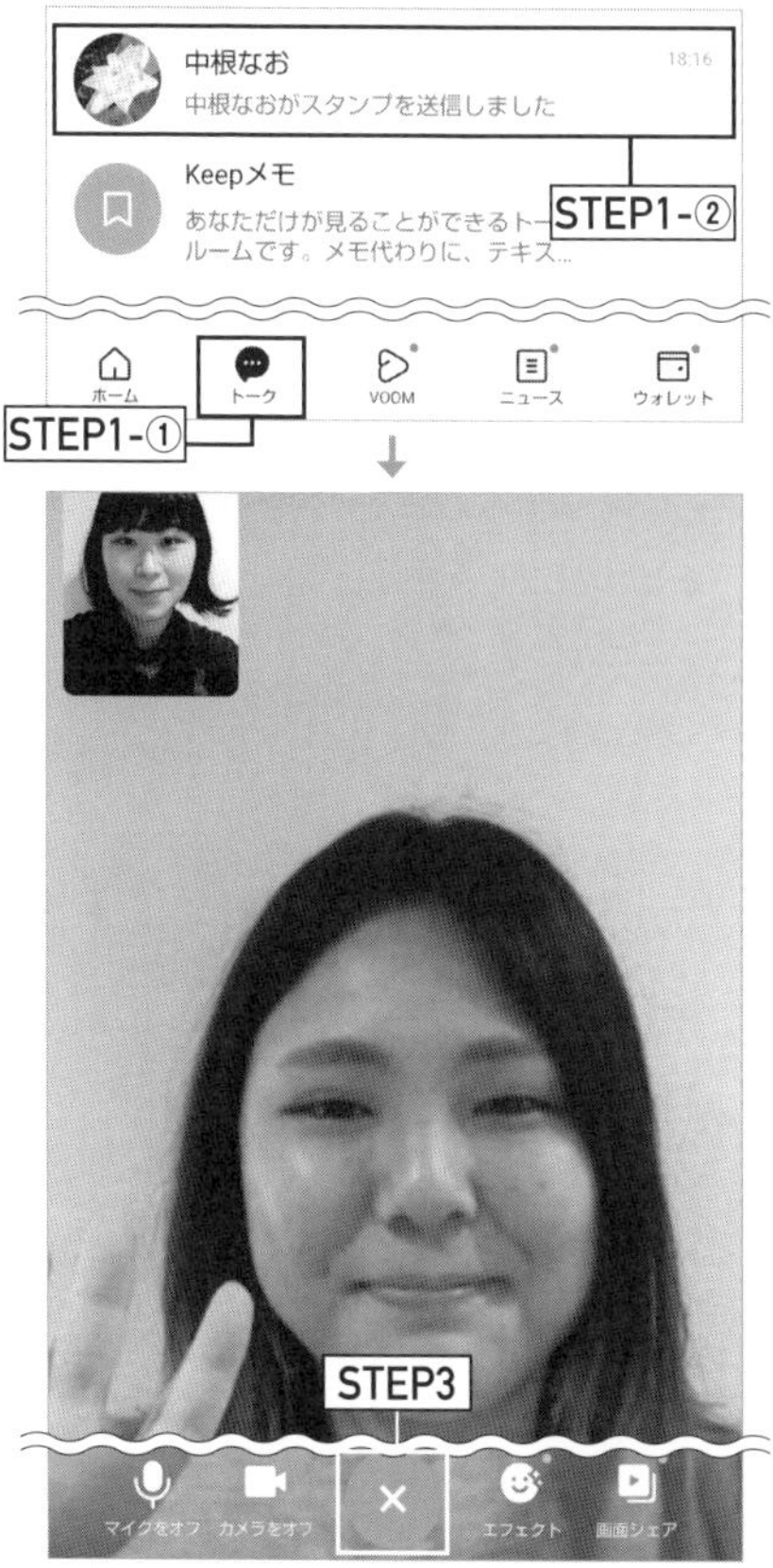

「LINE」をタップ！

STEP 1

①「トーク」をタップ。②表示された「友だち」のなかから、通話したい相手の名前をタップします。

STEP 2

画面上部の電話の絵柄をタップし、「ビデオ通話」をタップ。発信されるので、相手の応答を待ちましょう。

STEP 3

相手が応答すると、相手の映像が画面中央に表示され、通話がはじまります。話し終えたら「×」をタップして電話を切りましょう。

Question 19

LINEで揉《も》めたという話を時々、聞きます。トラブルを避けるコツはありますか？

牧

Answer

人間関係のトラブルは、メッセージを送る相手と、時間帯に気をつければ大丈夫。「LINEだから揉める」のではなく、「日常でよく揉める人がLINEでもトラブルを起こす」というだけの話です。

増田　スマホ教室でＬＩＮＥについて教えたときに、生徒さんから「ＬＩＮＥは人間関係のトラブルが起きやすいんでしょ？」という質問が来たことがあります。子ども世代や、先にＬＩＮＥを使っていたご友人からそういう話を聞いていたそうで。

牧　ＬＩＮＥが特別そうだというわけではないと思いますけどね。でも、メッセージを送る相手を間違えてしまって恥ずかしい思いをしたという話は聞いたことがあります。ＬＩＮＥは、「友だち」一人ひとりに個別の部屋が割り振られていて、そこでメッセージのやり取りをします。その部屋を間違えると、まったく違う人に連絡がいってしまうわけです。

増田　それは事前に**相手の名前をよく確認すれば大丈夫**ですね。メッセージを送る画面の左上に名前が表示されますよ。

牧　あとは、**メッセージを送る時間帯にもちょっとだけ気を配りましょう。**とくに夜は気遣いが必要です。

増田　夜中まで起きていて全然平気な人もいるけど、近頃は9時には寝ちゃうという人もいますからね。

牧　そのとおりですね。同年代のシニアでも、生活リズムは人によってさまざま。ぐっすり寝ている最中にたくさんメッセージが送られてきて、何事かと思って慌てて見てみたら「こんなご飯を食べました」というただの近況報告だった……なんてことがあれば、どんなに仲良しでも「何だよ」と思ってしまいますよね。電話やメールにも言えることですが、遅い時間帯に重要ではない連絡を取るのは控えておいたほうがいいでしょう。

増田　私が聞いたのは、「こんなレストランに行って美味しい料理を食べました」と

▼「LINE」で送信相手を確認する方法

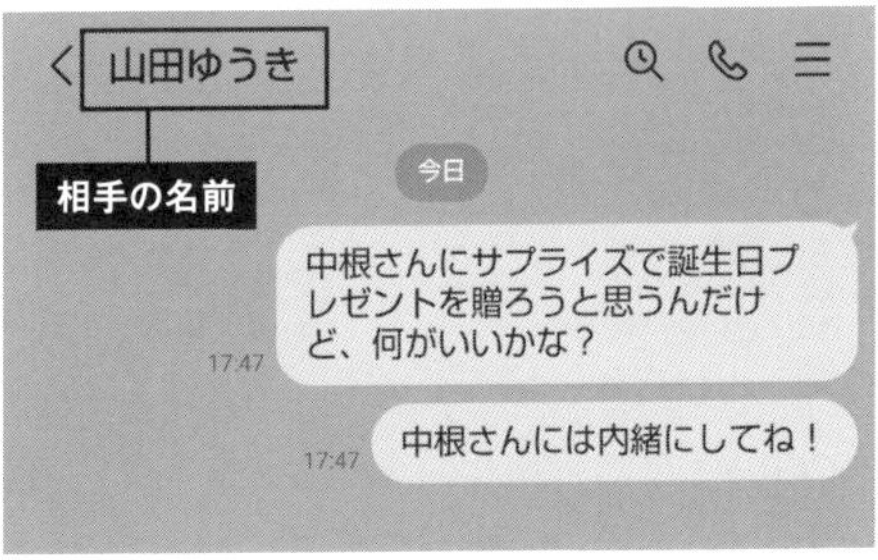

メッセージを送る際は、画面左上に表示される相手の名前を必ず確認しましょう。間違った相手にメッセージを送らないように要注意!

たくさん写真を送ったら、「自慢しているみたいで嫌ね」と言われてショックだったという話。

牧　あぁ、そういう話はたまに聞きますね。

増田　でも、このトラブルはＬＩＮＥ自体が原因ではないんです。その人がたくさん写真を送ったのは、複数人が参加している「グループ」のＬＩＮＥ。それほど関係の深くない人もいる場で、自分の話ばかりしてしまったんです。これが親友同士だったり、ご飯の情報を交換しあうグループだったりすれば問題はないんですけどね。

牧　ちょっと気の毒だけど、「あなたの話になんか興味ないよ」と思われても仕方ない状況だったんですね。一方的にしゃべりまくる人が敬遠されるのは日常生活でも同じ。

増田　そうなんですよ。普段のおしゃべりでは、「自分の話ばっかりしたら悪いな」とか「自慢話と思われたら嫌だから黙っておこう」とか、いろいろ相手の気持ちを考えるじゃないですか。LINEを使う際も、そういうちょっとした気遣いが必要です。

牧　逆に言えば、**普段している気遣いさえできれば、LINEでの対人トラブルは避けられる**というわけですね。メッセージを送る相手、時間に気をつけることも、相手を思いやって話すことも、シニアたちは長い人生のなかで自然に身につけてきました。

増田　ここでも、スマホだから、LINEだからと過度に心配するのではなく、シニアが生きるうえで身につけてきた常識を反映させればいいというだけのことですね！

Question 20

周囲に「SNS」をやっている人が多いです。これは何ですか？やったほうがいいですか？

増田

Answer

SNS（ソーシャル・ネットワーキング・サービス）は、新しい時代の人付き合い。遠くの旧友と「ご近所さん」のような付き合いができる、シニアにぴったりなサービスなんですよ。

牧　私の周囲のシニアたちも「ＳＮＳ」を使いはじめています。もちろん、私も楽しく使っていますよ！　でも、デジタルに不慣れな人からすれば、ＳＮＳって一体何なのか想像しにくいですよね。増田さんはシニアたちにどう説明しているんですか？

増田　**ＳＮＳはわかりやすく言えば、インターネットの世界で行う人付き合い**のことです。

牧　「人付き合いの一種」と考えればいいんですね。たしかに私も、昔勤めていた会社の後輩たちとの旧交を温めるのにＳＮＳを利用しています。近況を文章や写真で投稿すると、後輩がそれに対してコメントをつけてくれるんですよ。逆に、後輩の「こんな場所に旅行に行きました」という投稿に対しては、「楽しかった？」とこちらからもコメントを送っています。

増田　すてきですね！　シニアになると、どうしても家にこもりがちになって人間関係が狭まってしまいます。近年はご近所付き合いをしない家も増えていますしね。そんななかで、家にいながら昔の友人と交流できるのはＳＮＳの魅力のひとつと言えるでしょう。

牧　そうですね。孤立しやすいシニアにこそＳＮＳはおすすめです。**ＳＮＳを使えば、距離がどんなに離れていてもお隣さんのようにおしゃべりを楽しめる**んですから。どこにいるかにかかわらず、自分が本当に付き合いたい人と楽しく交流できるのってすてきなことでしょう？

増田　ＳＮＳを使うのと使わないのでは、人間関係の豊かさが違ってきますよね。ＳＮＳには数種類のアプリがあるんですよ。たとえば、多くの自治体や著名人も利用しているのが、「Ｔｗｉｔｔｅｒ《ツイッター》」アプリ。今は「Ｘ《エックス》」に名前が変わりま

▼SNSを活用している企業の例

主婦と生活社
フォロー中
主婦と生活社＊PR
@shufuseipr
株式会社主婦と生活社 宣伝・プロモーション室より プレゼントキャンペーン実施／各編集部アカウントのRT／新刊レビュー／紙本の質感が伝わる写真の投稿／編集現場のリアルをたまにリポート フォローよろしくお願いします！
エンターテイメント・レクリエーション
東京都中央区
shufu.co.jp
2010年4月からTwitterを利用しています

近年では、企業や著名人、マスコミもSNSで情報を発信しています。

したが、140字以内の文章や写真などを投稿して、世界中の人と交流できるのが特徴です。

牧　本名でなくても使える匿名性が魅力で、多くの若い人も使っていますよね。

増田　同じく本名でなくても使えて女性に人気なのが、「Instagram《インスタグラム》」アプリ。こちらは、きれいな写真や短い時間の動画がたくさん投稿されています。芸能人やおしゃれなカフェ、雑貨など、好きなもの探しをしたいときに便利ですよ。

牧　男性人気が高いのは「Facebook《フェイスブック》」アプリですね。こちらは、先ほどのふたつのアプリと違って実名制。文章や写真を日記感覚で投稿できて、元々つながりがあった友人・知人と交流したいときに役立ちます。

増田　自分のやりたいことや知りたい情報に合わせて、どのアプリを使うか選んでみるといいでしょう。**SNSは、家族や友人だけでなく、世界中の人々の投稿を見られるのも特徴**です。自分はとくに投稿したいことがなくても、ほかの人たちが発信する情報を見るだけでも楽しいですよ。

【実践】

人気のSNSアプリ「Twitter」→現「X《エックス》」の基本をマスターする

離れて暮らす家族や友人はもちろん、会ったことのない世界中の利用者とも「人付き合い」ができるSNS。そのなかのひとつ、「X」アプリの特徴を紹介します。

▼「X」の基本画面

X
開発：X Corp.

140文字以内の文章や写真、動画などを投稿できます。自治体や著名人などの投稿も閲覧可能。共通の趣味を持つ人を検索して投稿を見てみましょう。

画面内の絵柄の意味

①「投稿」：文章や写真を投稿できます。

②「ホーム」：自分やほかの人の投稿が表示されます。

③「検索」：気になる利用者や投稿を検索できます。

④「通知」：ほかの利用者からメッセージなどがきたことを知らせてくれます。

⑤「ダイレクトメッセージ」：特定の相手のみと個別メッセージを送受信できます。

Question 21

SNSでは対人トラブルがあると聞き、怖いです。どうすれば安心してSNSを使えますか？

Answer

その心配もごもっとも。SNSを使う際は、付き合う相手がどんな人物なのかをしっかり見極めると安心です。変な人だと思ったら、遠慮なく離れて大丈夫。交流する相手は自分で選びましょう。

増田　ＳＮＳは、現実の知り合いだけでなく、これまで会ったことがない人とも交流できるのが特徴。自分の世界を広げられるという魅力がある反面、対人トラブルが起きてしまうこともあるんです。

牧　いまは本当にいろいろな人がＳＮＳを使っています。現実でも同じように、すべての利用者が善人、気の合う人というわけではありません。

増田　残念だけど、悪意のある人やソリが合わない人が、自分の投稿に対して変なコメントを送ってくる可能性も少なからずあるんですよね。

牧　本当に低い確率ですけどね。**嫌なこと、酷いことをコメントされたときの対処法は至極簡単。遠慮せずに無視してください。**それだけでＳＮＳの安心度は高まりますよ。「他人に何か言われたら返事をしないと失礼」と思うシニアもいるんだけど、そんなことは気にしなくていいんです。

増田　詐欺のメールやショートメールのときと同じですね。ＳＮＳの場合、返事をすることでますます嫌がらせをされる場合もあります。無視してもしつこくされるようなら、その人の投稿やコメントを非表示にする「ミュート」機能を利用するのもひとつの手段。

牧　サービス側も、あなたが変な人に絡まれて嫌な思いをしないように、対策できる機能をしっかり用意してくれているんです。

増田　「X《エックス》」（旧Twitter《ツイッター》）などの匿名で使えるサービスは、相手がどんな人なのかわかりにくい場合もあります。そんなときは、相手のプロフィールや普段の投稿を確認してみてください。どういう価値観を持っているのか、普段は何をしている人なのかをチェックできますよ。

牧　それで気が合わなそうなら無視。気が合いそうなら、その人の投稿をいつでも簡単に閲覧できるようにする「フォロー」をするといいでしょう。付き合いたい人、**付き合いたくない人を自分で主体的に選んで、楽しい人間関係を築いていってくださいね。**

【実践】

SNSで付き合う人の見極め方をマスターする

SNSを安心して使うコツは、相手がどんな人なのかをしっかり見極めること。「X」を例に、他の利用者が普段どんな投稿をしているか確認する方法を知っておきましょう。

▼「X」で利用者のプロフィールを確認する

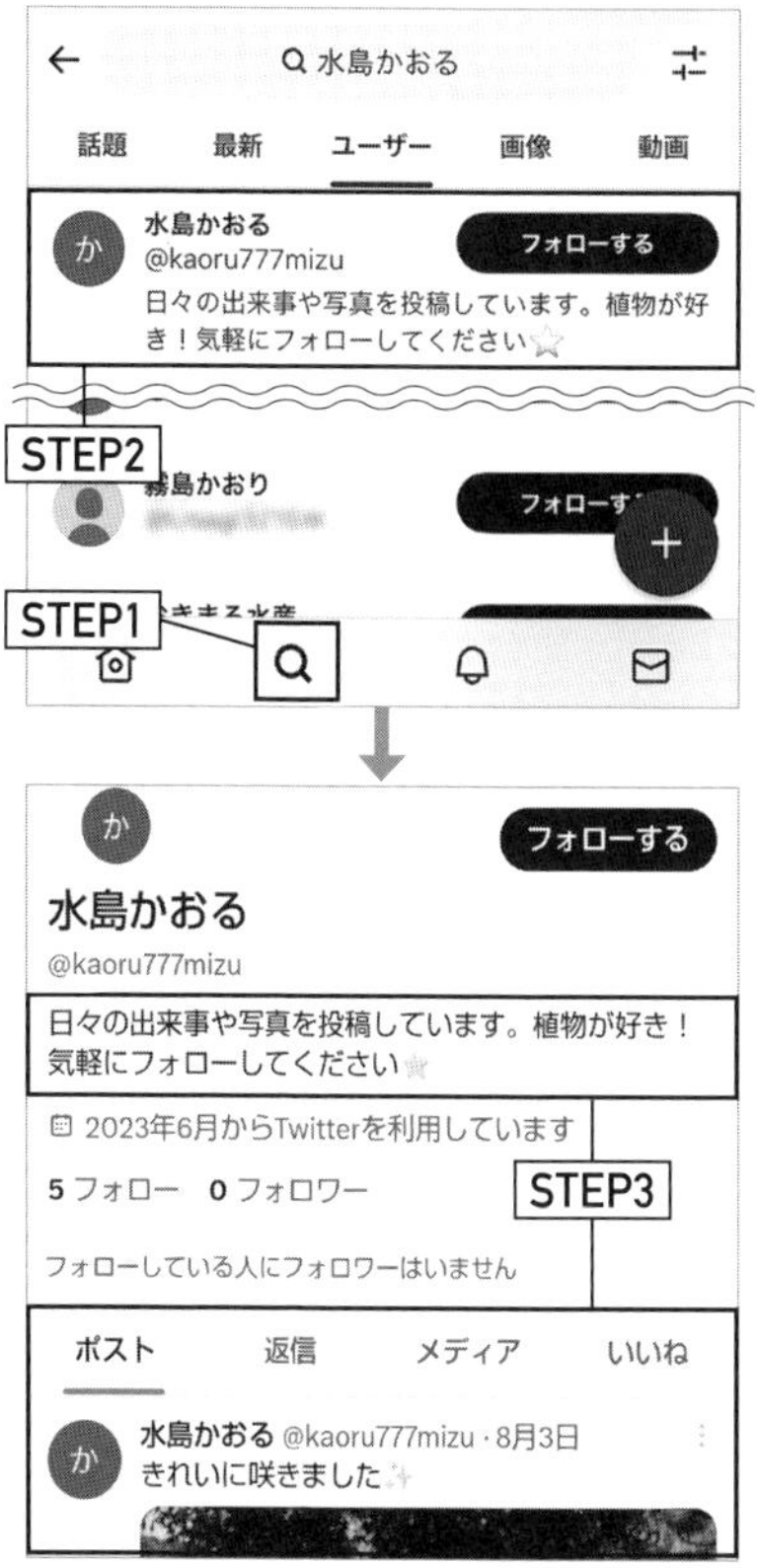

「X」をタップ！

STEP 1

虫眼鏡の絵柄をタップ。好きな利用者の名前や、見たいことに関するキーワードを入力して検索。

STEP 2

検索結果が表示されたら、気になる利用者の名前をタップします。

STEP 3

タップした利用者の専用ページが表示されました。相手が設定したプロフィールや普段の投稿を確認してみましょう。

Question 22

ひと言も話さない日があります。デジタルを使えば、孤独感を紛らわせられますか？

増田

Answer

おひとりで暮らしていると、そうなってしまいがちですよね。声で操作する「スマートスピーカー」を使えば解決できますよ！　孤独感を紛らわすことができるだけでなく、口や顔まわりの体操にもなるんです。

牧　私はいまシニア向けのマンションにひとりで住んでいるんですが、約半分の入居者がひとり暮らし。外出しない日なんかは、ひと言もしゃべる機会がないという人が結構いるんですよ。男性はとくにそう。しゃべらないせいで声が出にくくなって、わざわざカラオケに発声練習をしにいく人もいるくらいです。

増田　それでまったく気にならない人もいるけど、孤独を感じる人も多いんじゃないでしょうか。**口周りを動かさなくなると、口がうまく回らなくなるし、口角が下がって表情も暗くなってしまいますしね。そういう人におすすめしたいのが、「スマートスピーカー」というデジタル機器です。**

牧　声で操作できる、ＡＩ（人工知能）を搭載したスピーカーのことですね。「アレクサ」と呼びかけると反応する「Ａｍａｚｏｎ《アマゾン》 Ｅｃｈｏ《エコー》」や、「オーケーＧｏｏｇｌｅ」と呼びかけると反応する「Ｇｏｏｇｌｅ Ｈｏｍｅ《ホーム》」など、さまざまな製品が発売されています。テレビＣＭで見たことがある人もいるのではないでしょうか。私も「Ａｍａｚｏｎ Ｅｃｈｏ」を使っていますよ。

増田　さすが牧さん！　どんな使い方をしているんですか？

牧　主に、懐かしの名曲を聴くのに使っています。**「アレクサ、〇〇の曲をかけて」と話しかけると、その歌手の曲をネット上から引っ張ってきて流してくれる。**

増田　スマート「スピーカー」というだけあって、音楽もかけられるんです。懐メロはいいですね。昔の思い出が蘇って脳が活性化しそうです。

牧　音楽はもういいやと思ったら、「アレクサ、音楽を止めて」と話せば曲を止めてくれる。わざわざ停止ボタンを押しにいく必要がないからラクですよ。あとは、「今日のニュースを教えて」と話しかけて、ニュースを流してもらうといった使い方もしています。テレビと違って、自分の好きなタイミングで情報を入手できるので気に入っています。増田さんのスマホ教室のなかで、スマートスピーカーを使っている方はいらっしゃいますか？

増田　「オーケーＧｏｏｇｌｅ」に反応する「Ｇｏｏｇｌｅ Ｈｏｍｅ」を使っている方が何人かいらっしゃいます。牧さんと同じように、音楽をかけるのに使っている人が多いかな。あとは落語や英語のニュースを流すのに使う人もいます。

牧　英語学習はシニアに人気の習い事。それを自宅でできるのは良いことだなぁ。

増田　そうなんですよ。趣味や教養の役に立つし、話しかけて操作することによって声を出す機会が生まれる。スマートスピーカーは、ひとり暮らしのシニアにとって一石二鳥のデジタル機器なんです。

牧　わざわざカラオケに行って発声練習をする必要がなくなるんですね。

増田　口角も上がって、すてきな笑顔を作れるようにもなりますよ！　笑顔を作れば、つられて気分も上向きになります。

▼スマートスピーカーの例

スマートスピーカーには、Google の AI を搭載したものや、モニターつきのものなど、さまざまな種類があります。こちらは、そのなかの「Amazon Echo」シリーズ。この製品は、小型で比較的リーズナブルなのが特徴。5,980 円。

第4章

ネットショッピングから、
スマホ決済まで――

シニアの買い物は、スマホでもっと楽しくラクになる！

「ネットショッピング」や「スマホ決済」といった言葉を見聞きしたことがある人は多いでしょう。ニュースや子ども世代の話を聞いて、何やら便利だということは知っていても、「シニアの自分が使うことはないだろう」と思っていませんか？

じつは、ネットショッピングやスマホ決済は、そんなあなたにこそ使ってほしいサービスです。最近、旅行に着ていくジャケットをネットショッピングで買った牧さんは、「予想外に良い商品と出会えます。若いころより自由に買い物できるようになりました」とにっこり。シニアたちにスマホ決済の使い方をレクチャーしている増田さんも「最新技術はシニアと社会をつなげてくれます」と語ります。さらにおふたりは、シニアが安心してスマホでの買い物を楽しむための奥義を教えてくれました。

Question 23

年のせいか、日々の買い物が億劫《おっくう》になってきました。洋服や趣味のものを買うのも面倒です

牧

Answer

シニアは買い物をするのもひと苦労ですよね。そんなときは「ネットショッピング」や「ネットスーパー」を使いましょう！　買い物が格段にラクに、自由になりますよ。私もいつも助けられているんです。

牧　私もあちこちの店を歩いて見てまわるということができなくなりましたね。そもそも、近所に店がないんですよ。洋服や何かを買いに行くとしたら、電車に乗ってわざわざ出かけないといけない。

増田　それだと、お店に到着する段階でちょっと疲れてしまいますね。

牧　そうなんですよ。そこで、**ネットで商品選びから注文、支払いまでできる「ネットショッピング」を使いはじめました。**頼んだものは自宅に届けてくれるし、思うように動き回れないシニアには本当にありがたいサービスですね。

増田　最近ネットショッピングで買ったものはありますか？

牧　旅行に着ていくジャケットを購入しました。もうすぐ届くので楽しみです！

増田　いいですねぇ。でも、洋服は実物を見ながら選ばないと心配じゃありませんか？ネットショッピングでは商品に触ることができませんよね。

牧　そういった欠点はありますが、ほとんどのネットショップでは、商品の大きさや素材を詳しく紹介してくれています。質感がわかるような画像を載せてくれている場合もあるしね。**変な商品を買わされた経験はありません。予想よりもいいものだなぁと思うことのほうが多いくらい。**いまは、有名店から専門店、チェーン店、地方のお店まで、本当にいろいろなところがネットショッピングをやっています。50～60代のころよりも買い物の選択肢がぐっと増えましたね。

増田　上手に活用すれば、あちこち店をまわる億劫さが解消されるだけでなく、これまでだったら手に入らなかったような商品まで買えるようになるんですね。

牧　ほかに、スーパーでの買い出しが辛い方もいるんじゃないでしょうか。お米や水といった重いものを歩いて買って帰るのは本当に大変！

▼傘専門店のネットショップの画面

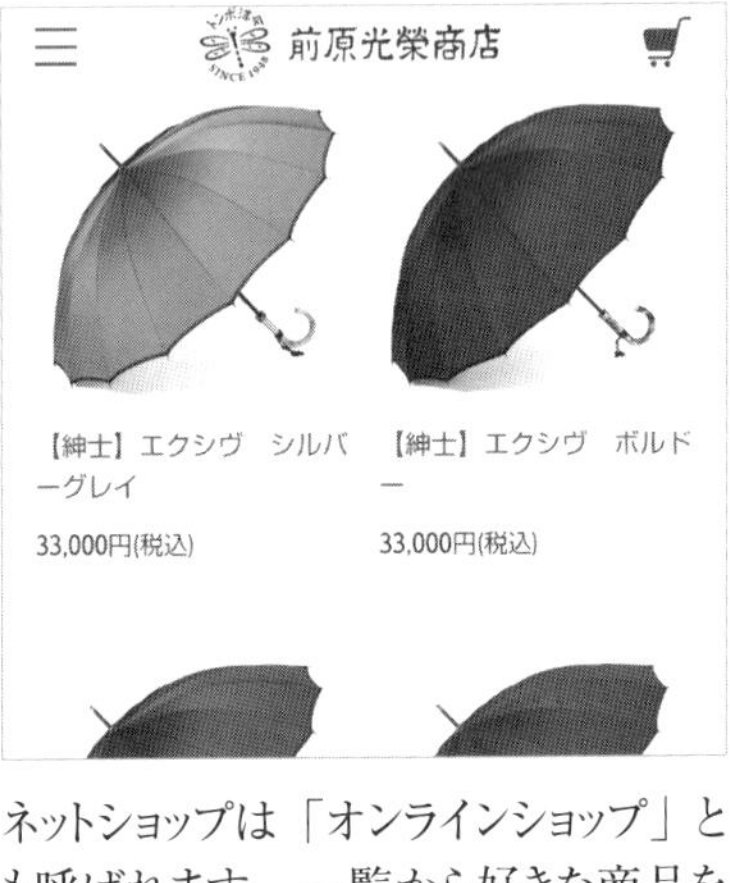

ネットショップは「オンラインショップ」とも呼ばれます。一覧から好きな商品をタップすると、詳細情報を確認可能。

増田　そんな**シニアにおすすめしたいのが、ネット上で商品を注文できる「ネットスーパー」です。**イトーヨーカドーやライフ、イオンといった大手スーパーのサービスが有名ですね。家にいながらその日の献立に必要な食材を受け取れるので、外出が制限されたコロナ禍でも大活躍でしたよ。

牧　ネットスーパーもネットショッピングと同様に、商品を手に取って選ぶということができませんよね。悪くなった食材が届く心配はないんでしょうか。

増田　多くのネットスーパーでは、目利きの店員さんが商品を選んでくれるんです。自分で選ぶよりも鮮度のいい野菜やお肉、お魚が届く場合もありますよ！

▼大手ネットスーパーの例

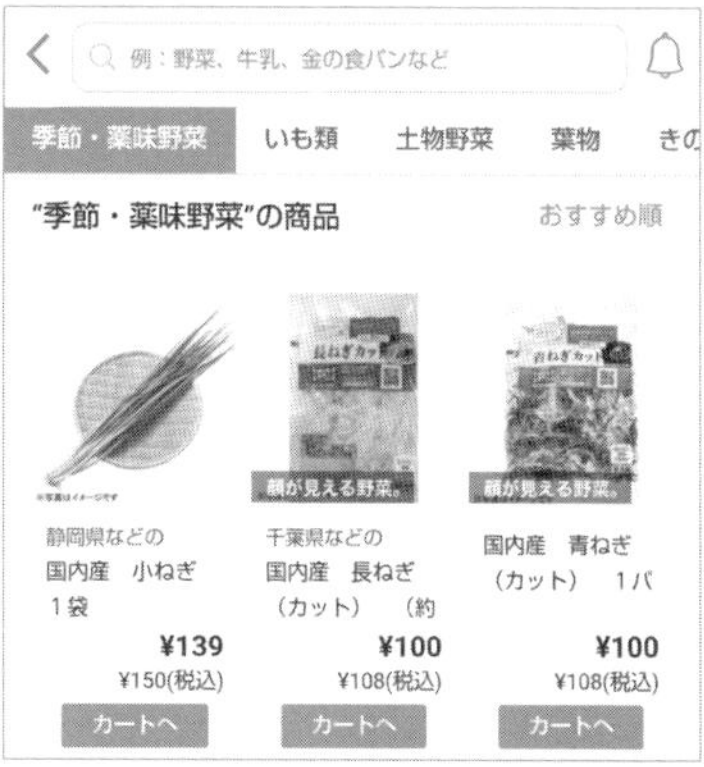

自宅が配達に対応した地域にある場合、買いたいものを選んで注文すると、最短で当日に商品が届きます。

Question 24

ネットショッピングで商品が届かなかったり、お金をダマし取られたりするのが怖いです

増田

Answer

その不安もごもっとも。でも、日常生活と同じように考えれば、そう怖い目には遭いません。まずは路地裏の怪しい店ではなく、知っている店を利用してみましょう。初心者でも安心してお買い物ができますよ。

増田　ネットショッピングで粗悪品をつかまされたり、お金だけ取られて商品が届かなかったりといったことは実際に起きています。ネットショッピングに警戒心を抱いているシニアは少なくないようですね。でも、「ネットだから、スマホだから」と怖がる必要はありませんよね。

牧　そう、日常生活と同じように考えればいいんです。**普段、路地裏にある知らないお店にいきなり入って買い物をする人はいないと思います。スマホも同じ。はじめて見るようなサイトで買い物をするのはやめておきましょう。**

増田　どんなサイトがおすすめですか？　大手のショッピングサイトでしょうか。

牧　大手のショッピングサイトは中級者向け。はじめは、皆さんがよく知っているような百貨店のネットショップがおすすめですね。こういう店には評判というものがありますから、疎かな対応をしてくることはまずありません。……こう説明しても、クレジットカード情報を入力するのが不安でネットショッピングを試せないというシニアが多いんですよ。増田さんなら、その不安をどうやって取り除きますか？

増田　カード情報を不正利用する悪質なネットショップがないわけではありません。でも、**カード会社もそんな実態を把握していて、ネット上での決済を厳しく監視してくれているんです。**80代後半の生徒さんがネットでiPhoneを買おうとしたところ、何回やってもカード決済ができませんでした。カード会社に問い合わせたところ、ご高齢なこと・シニアが買う可能性が低く、転売されやすいiPhoneであること・商品が高額であることを理由に、本人の利用でない可能性が高いとして決済がストップされていたんです。

牧　その生徒さんの場合は誤解だったわけだけど、普段からそこまでチェックしてくれているんですね。

増田　そうなんです。生徒さんも「いまのカード会社はしっかりしているのね。逆に安心した」と言っていました。皆さんも、そこまで心配しなくて大丈夫。**まずは、「よく知らないネットショップには近寄らない」ということを徹底**しましょう。

【実践】
安心安全なネットショッピングをマスターする

ネットショッピングは危険がいっぱいのように見えますが、
簡単な工夫をすればシニアでも安全に利用できます。
大切なのは、どんなショップで買い物をするのかという点です。

▼百貨店のネットショップの例

スマホの使いこなしワザ

慣れるまでは馴染みのある有名百貨店のネットショップを利用する

現実にある著名な店のネットショップを利用しましょう。身近な百貨店のショップがおすすめです。

シニアの奥義

ブラウザアプリを使い、「店名+ネットショップ」で検索!

百貨店のネットショップを見てみたいと思ったら、ブラウザアプリを起動します。検索欄に「〇〇(店名)」と入力し、続けて「ネットショップ」と入力して検索してみましょう。

ネットショップは「オンラインストア」、「ECサイト」とも呼ばれます。

Question 25

ネットショッピングは、クレジットカード情報を登録しないといけないので抵抗感があります

牧

Answer

心配ですよね。手元にあるクレジットカードのなかで、「ネットショッピング専用」のカードを決めると安心ですよ。ネットショッピングとクレカは切っても切れない関係。上手に付き合っていきましょう！

増田　多くのネットショップでは、事前にクレジットカード情報を登録しておくことによって非常に簡単な手順で買い物ができます。でも、「支払いをした」という感覚がない分、自分の想定よりも多くお金を使ってしまう場合もあるんです。

牧　若い人にも起こりうるトラブルですね。代金引換や銀行振込など、**クレカを使わずに支払いができる場合もありますが、商品が発送されるのに時間がかかったり、余計な手数料がかかったりと欠点が多い。**家から出ずに注文から受け取りまでができるという、ネットショッピングの良さも半減してしまいます。どうしたら、シニアが安心してクレジットカードでネットショッピングできるんでしょうか。

増田　**手元にあるカードのなかから、ネットショッピング専用のカードを決める**のはどうでしょうか。ほかのカードは登録しない。そうすればカード情報や使った金額の管理もラクになります。そのカードだけチェックすればいいわけですから。

牧　それはナイスアイデアですね！　その**専用カードの利用限度額を自分で引き下げておく**と、さらに安心かもしれません。使いすぎを防ぐストッパーになってくれますよ。

増田　あるいは、口座には常時3万～5万円しか入れないようにしておけば、万が一カードを不正利用されてしまったときも、被害額が大きくなるのを防げますね。使うカードをひとつに絞る、使えるお金を決めておく。このふたつが、シニアでも安心してネットショッピングを楽しむコツですね。

牧　スマホもお金も、人間が「使われる」のではなく、人間が「使いこなす」という意識を持つのが大事ですよね。

終活で全部のカードを解約するのは一旦ストップ！　ネットショッピング用にひとつ確保しておくといいでしょう。限度額の引き下げは、カードの公式サイトや電話で行えます。

Question 26

最近「スマホ決済」という言葉をよく聞きます。これは何ですか？どう便利なんですか？

増田

Answer

世の中の動きを漏れなくチェックしていますね！「スマホ決済」とは、現金を使わずにスマホで支払いをするサービスのこと。使えばお買い物がラクになるだけでなく、若々しい気持ちにもなれますよ！

牧　テレビでスマホ決済アプリのCMが流れたり、「スマホ決済使えます」というようなことが店先に書いてあったりと、シニアが「スマホ決済」という言葉を見聞きする機会が増えましたね。

増田　**スマホ決済は、現金を使わずに支払いを済ませる「キャッシュレス決済」のひとつ。「PayPay《ペイペイ》」や「楽天Pay」といった専用アプリを使い、スマホ一台でお買い物ができるサービスです。**牧さんは日常的に使っていらっしゃるそうですね。同世代のシニアに伝えたい、スマホ決済の利点はありますか？

牧　まずは、サッと会計を済ませられる点ですね。シニアになると、コンビニやスーパーでの支払いでまごついてしまうことが多いんですよ。「何円だったかな」とレジを確認しなおしたり、細々とした小銭を取り出したり。でも、スマホ決済は、スマホに表示した支払い用の画面を店員さんに見せるだけでいいんです。店員さんが機械でそれを読み取れば、あっという間に支払い完了！

増田　レジが混んでいるときも、焦らずに支払いできますよね。

牧　あとは、**公共料金や税金の支払いもできる**点ですね。自宅に届いたコンビニの振込用紙を見てみてください。スマホ決済専用のバーコードが記載されていて、それを読み取ればコンビニに行かなくても支払いができるんです。

増田　手数料無料なのもうれしい！　むしろ、支払い額に応じてポイント還元を行っているサービスもあるのでお得になる可能性があります。

牧　行政もスマホ決済を推奨していると知れば、「現金が一番」と思っているシニアの警戒心も和らぐんじゃないかな。

増田　私は、スマホ決済にはシニアの気持ちを若返らせるパワーもあるんじゃないか

▼「PayPay」の新規登録画面

スマホ決済アプリをはじめて利用する際は、アカウントを新規登録する必要があります。

と思うんです。スマホ決済デビューの生徒さんに付き添って、コンビニのATMで「PayPay」アプリに入金し、ちょっとした飲み物を買う練習をしてもらいました。そういった成功体験を積むと、シニアの方もうれしくなるんですよ。

牧　**「流行りのことをやっている自分」を実感してワクワクできる。**

増田　何でも「やってみよう」と軽いノリではじめられる人は老け込まないですよね。

牧　そうなんです。しかも、自分でサービスを使うようになると、ニュースやCMを見たとき、何を言っているのか理解できたり、親近感が湧いたりするようになるでしょう?　シニアになっても社会に参画しているのを実感できるんです。

増田　社会とのつながりが希薄になりがちなシニアの自信になりますね。

牧　教室でスマホ決済をはじめとする最新情報をお伝えしている理由はそこにあります。息子さん・娘さんも、「シニア世代の親には必要ないでしょ」と思わず、便利なサービスを教えてあげてくださいね。新しいものに触れることは、いつまでも若々しくいられる秘訣なんですよ。

【実践】

スマホ決済アプリ「PayPay」の基本をマスターする

スマホ決済を利用するには、専用の無料アプリが必要です。現在は多種多様なスマホ決済アプリが配信されていますが、ここでは、代表的な「PayPay」アプリの基本を解説します。

▼「PayPay」の基本画面

PayPay
開発：
PayPay Corporation

利用者は5,800万人以上。コンビニやドラッグストア、スーパー、飲食店など、さまざまな店での支払いに使えます。お買い物ごとに、最大で1.5%のポイント還元があるのも特徴。

基本の使い方

1. コンビニのATMなどでアプリにチャージ（入金）
2. 会計時に「支払う」をタップ。
3. 表示されたバーコードを店員に読み取ってもらう。
4. 支払い完了!

Question 27

スマホ決済は使いすぎませんか？スマホを落として、勝手にお金を使われるのも心配です

牧

Answer

入金する金額を少なめにすれば、使いすぎも、スマホを紛失したときに被害が大きくなるのも防げます。スマホにはロック機能があるので、普通のお財布よりもむしろセキュリティ性が高いんですよ。

増田　スマホ決済はネットショッピングと同様、現金が手元から減るのを実感しづらい。だから、買い物しすぎてしまうのが心配という人もいるそうです。

牧　これは簡単に対策できますよ。初心者の皆さんはコンビニのATMを使って残高に入金すると思います。その際、入れる金額を少額にしておけばいい。

増田　**PayPayは本物のお財布と同じで、入っている金額しか使えない。だから、入れるお金を自分で調整すれば、使いすぎるということは基本的にないんですよね。**スマホ教室では、最低金額の1000円を入金して、足りなくなったらまたATMに行くというところからはじめてもらいました。

牧　スマホ決済に慣れている私も、5000円以上は入金しないようにしています。万が一スマホを紛失してしまったときも、「5000円ならしょうがないかな」と心を落ち着けられます。何円だって落としたらショックですけどね。でも、1万円、2万円よりは被害額を抑えられる。

増田　スマホを落としてしまったとき、知らない人に勝手にスマホ決済を利用されてしまうんじゃないかと心配する生徒さんも多かったなぁ。

牧　**スマホのロック機能をしっかり設定していれば大丈夫**ですよ。第三者には、スマホ決済アプリはもちろん、スマホのホーム画面ですら簡単には表示できなくなりますからね。

増田　本物のお財布のほうが危険性は高いですよね。落とせば誰でも開けられてしまいますから。面倒だからスマホのロックを設定したくないというシニアの方もいますが、だめですよ！　鍵をかけずに家を出るようなものです。

▼「PayPay」にチャージする方法

「PayPay」の場合、一度にチャージできる最低金額は1,000円。「チャージ」→「ATMチャージ」をタップすると、コンビニのATMでチャージできます。

Question 28

友人と割り勘したあと、お金を返す機会がなくて困ります。スマホ決済で解決できませんか？

増田

Answer

モヤモヤしますよねぇ。デキるシニアたちは、スマホ決済アプリの「送金」機能を使って1円単位での割り勘をこなしています！　息子・娘に内緒でお孫さんにお小遣いをあげる生徒さんもいるんですよ（笑）。

牧　ランチやお茶飲みなどで借りたお金をそのままにしたくないという気持ち、よくわかります。80代にもなると、いつまた会って返せるかわからないんですよ。

増田　いちいち銀行振込したり、現金書留で送ったりするのもちょっとね……。でも、**自分もご友人も同じスマホ決済アプリを使っていれば大丈夫。利用者同士で残高を送金しあえる機能がある**んです。

牧　「PayPay」アプリの場合は、「送る」と呼ばれる機能ですね。

増田　そうです。立て替えてくれた相手がその場にいるときは、専用のQRコードをスマホで読み取るだけで簡単に送金の手順に移れます。相手が離れた場所にいるときは、電話番号を宛先にして送金相手を指定すればOK！

牧　送る金額は1円単位で指定可能です。手数料が無料なのもうれしい！　この機能を使えば、会計のときに「ここは私が払います」「いや、私が！」とごちゃごちゃ譲り合う必要がなくなりますね。

増田　遠方にいる相手にも送金できるという特性を活かして、離れて暮らすお孫さん

牧　にスマホ決済でお小遣いをあげるシニアの方もいるんですよ。息子や娘には内緒であげられるのもいいですね。ただし、一度渡したお金は元には戻せないので、送る相手と金額をよくよく確認する必要があります。

増田　加えて、送金機能を利用するには、アプリを登録したのが利用者本人であることを証明する「本人確認」が必須です。マイナンバーカードや運転経歴証明書など、身元を証明するものが必要になるので注意してくださいね。

牧　安心安全に使うための仕組みなので、送金機能を使いたいときは面倒がらずに済ませておきましょう。

▼「PayPay」で送金する画面

080****** さんに送る
200円
昨日のお茶代をお返しします！また遊ぼうね。

「PayPay」では、アプリに入金したお金を、電話番号を宛先にしてほかの利用者と送り合えます。

第5章

災害大国ニッポンで暮らすシニアの新常識

災害のときに必要なのは、まずはスマホです！

地震や台風、ゲリラ豪雨、猛暑など、毎年のように大きな災害に見舞われる日本。孤立しやすい立場にあるシニアにとっては、心配の尽きない時代となりました。

「自分の身は自分で守る」のが災害時の鉄則。それを手助けしてくれるのが、あなたの手元にあるスマホです。

ご自身もひとり暮らしで「頼れる人がいない」と言いつつも、スマホを上手に防災に役立てている牧さん。「危機情報は与えられるものという認識を変えてください」と語ります。一方の増田さんは、お住まいの浦安市が被災地になった際、シニアがスマホを活用することの必要性を痛感したんだとか。そんなおふたりに、災害時にスマホはシニアをどう助けてくれるか、どうすれば離れて暮らす家族を安心させられるかを、解説していただきました。

Question 29

ひとり暮らしで、災害時に頼れる人がいません。スマホで何とかできませんか？

牧

Answer

頼れる人がいないと不安ですよね。スマホやネットを活用すれば、大事になる前に自分の身を守れますよ！

私もひとり暮らし。地震や台風の際は、テレビとスマホを併用して素早く情報収集しています。

増田　近ごろは地震や台風、洪水など、大きな災害が毎年のように起きているような気がします。私でさえ「ちょっと怖いな」と思うくらいですから、シニアのみなさんはもっと不安に感じるでしょうね。

牧　まさに私がそうです。なにせひとり暮らしですからね。何かあったときに助け合いができる人が近所にいるわけでもないし、やっぱり心配ですよ。でも、ただ怖がっているだけじゃ自分の身を守れません。

増田　**災害への不安を和らげ、シニアが自分の身を自分で守るのを手助けしてくれるのがスマホ**なんですよね。

牧　そうなんですよ。私もスマホを防災に役立てています。災害に関する情報を教えてくれる防災アプリは便利ですよ。たとえば、夜中にどこかで地震が起きたとするでしょう？　そうすると、そのアプリが通知で「○○県で震度△の地震がありました」と知らせてくれる。それをきっかけにして、気象庁などが発表する一般的な情報を知りたいときはテレビを点けてニュースを見ます。その県の小さな町に住んでいる友人は大丈夫かな？　といった特定の地域の情報を詳しく知りたいときは、スマホで検索するんです。**テレビとスマホでは、得られる情報の種類が違う**んですよね。

増田　それを上手に組み合わせて、自分が必要としているニュースをゲットしているんですね。牧さんのおっしゃるとおり、テレビは一般的な情報を知りたいときには役立つんですが、停電すると見られなくなるんですよね。

牧　確かにそうですね。それで焦ってしまうシニアもいるんじゃないでしょうか。

増田　そういうときに役立つ防災アプリのひとつが、「ＮＨＫ　ニュース・防災」アプリ。非常時になると、テレビで放送中のＮＨＫのニュースがスマホで見られるのが特徴です。

牧　スマホは、停電時でもバッテリーが切れない限り使い続けられます。テレビでやっていることをスマホでも見られると安心ですよね。そういえば、増田さんは東日本大震災をきっかけに、シニア世代にスマホの使い方を教えはじめたんですよね？

災害時、困っているシニアを目の当たりにした増田さん

増田　そうなんです。震災のとき、住んでいる浦安市で液状化が起こり、いたるところで断水が起きました。加えて、計画停電の対象にもなったんです。そのときに、掲示板に貼られた「給水のお知らせ」という案内の前にシニアたちが集まって、一生懸命メモを取っている姿を見ました。あれは寒い日だったなぁ。

牧　ほかに情報を得る手段がないシニアたちにとっては、その場に行って書き写すしか方法がなかったんでしょうね。

増田　それが、**「これからの時代はパソコンやネットを使えるだけでなく、持ち歩きができるスマホも使えるようにならないといけない」と痛感した**瞬間でした。停電でもスマホで自治体のホームページを検索さえすれば、いつでもどこでも、

必要なときに給水情報を見られるんですから。

牧　そこから、これまで運営していたパソコン教室でスマホの使い方も教えはじめたんですね。

増田　そうです。パソコンを背負って避難所には行けません。普段から楽しくスマホを使いこなし、いざというときに役立ててもらえたらいいなって。

牧　とても重要なことですね。最近は、シニアたちの意識も変わってきて、スマホを使った防災について真剣に聞いてくれることが増えました。**災害時の情報は与えられるのを待つのではなく、自分から取りにいく。**スマホはそれを手助けしてくれるんです。

▼住んでいる自治体の避難所を検索した画面

ネットで「○○(自治体名)　災害情報」と検索すると、住んでいる自治体の避難場所やハザードマップといった防災情報を見られます。防犯情報も確認可能。

【実践】

災害時に役立つアプリ「NHK ニュース・防災」の基本をマスターする

気象や災害に関する情報を入手できる「防災アプリ」は多数あります。なかでも、牧さん、増田さんがおすすめする「NHK ニュース・防災」アプリの特徴を知っておきましょう。

▼「NHKニュース・防災」の災害情報画面

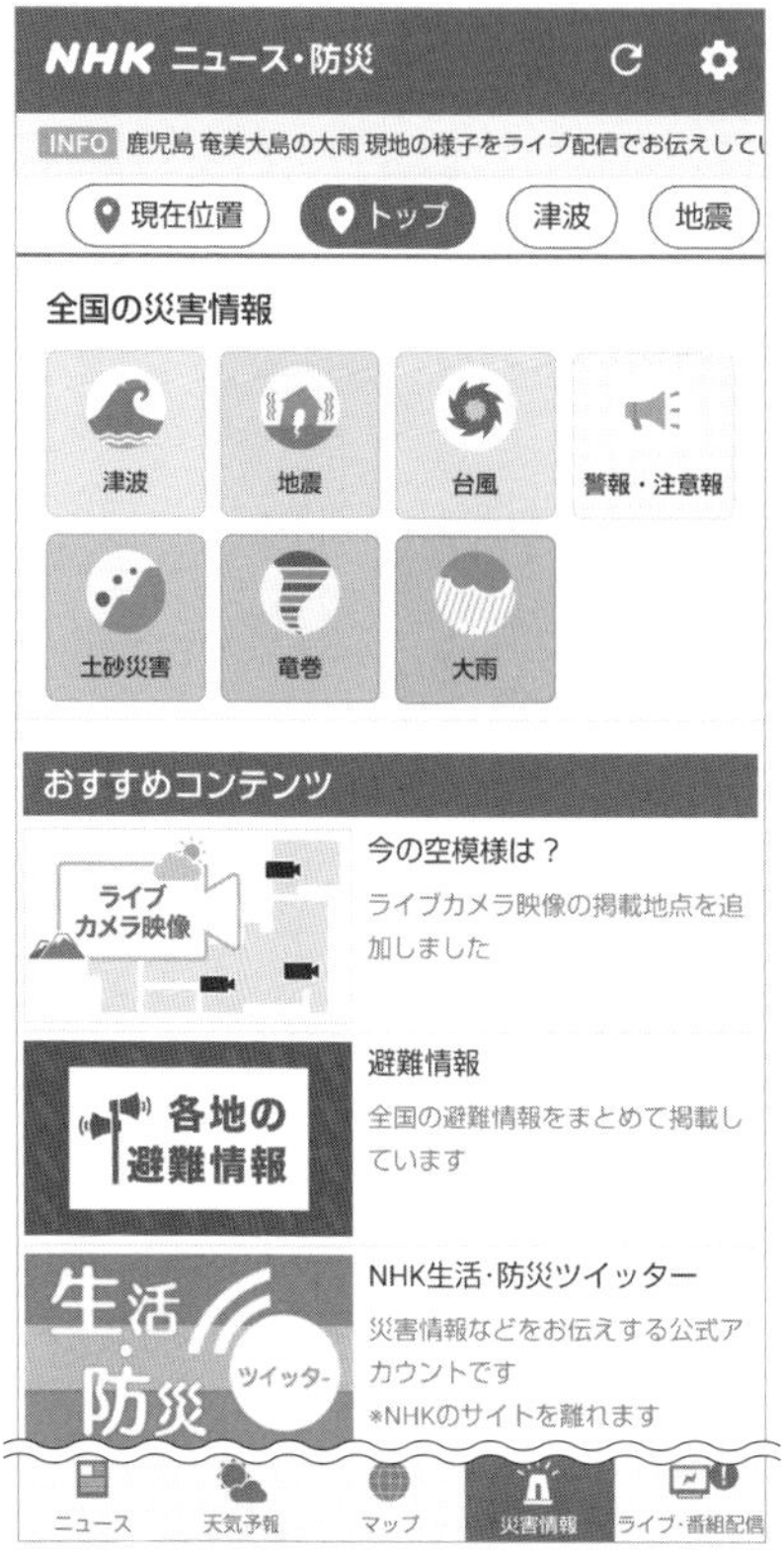

NHK ニュース・防災
開発：NHK

NHKが発信する最新ニュースや、気象・災害情報を確認できるアプリです。災害発生時は、災害が起きた現地の映像が見られます。気象や防災に関するニュースがあるときは、画面右下の「ライブ・番組配信」で、テレビで放送中のNHKニュース番組も視聴可能。

Question 30

SNSでも防災情報が発信されているそうですね。具体的には、どんな情報が見られますか？

増田

Answer

そうなんです！　いまや多くの自治体が、SNSを使って被害状況や避難所の情報などを発信しているんですよ。防災無線が聞き取りにくいときや、停電時でもスピーディーに情報収集ができます。

牧　近ごろは多くの市区町村がＳＮＳを活用して情報発信を行っていますよね。

増田　私が住んでいる浦安市も「Ｘ」（旧Ｔｗｉｔｔｅｒ）で公式アカウントを運用していて、普段は市の催し物や魅力などを発信しています。でも、地震などの災害が発生したときは、「震度３の地震が発生しました。市内各所を点検した結果、被害はありませんでした」といった防災情報を発信してくれるんですよ。

牧　避難所の開設情報も発信していますよね。「防災無線があるからスマホはいらない」と思う人もいるかもしれませんが、雨風が強いときは家の中では防災無線が聞こえないんですよ。聴力が衰えがちなシニアはなおさらです。

増田　**災害時、若い人よりも一足先に避難を行う必要があるシニアにとっては、早めの情報収集が大事！**　ＳＮＳを使えば情報がいち早く手に入るので、これを利用しない手はありません。

牧　自治体が発信する情報のほかに、一般の利用者が投稿する内容が防災に役立つこともあります。たとえば、自宅にいるとき、突然停電が発生したとしましょう。そうなると、自分の家だけなのか、マンション全体なのか、街全体で停電になっているのかわからない。

増田　停電はすぐニュースになるわけじゃないし、よく知らないご近所さんに「お宅も停電していますか？」とも聞きにくいですしね。

牧　そんなときは、**Xで「住んでいる地名　停電」とふたつのキーワードを検索窓に入力して、検索してみてください。ほかのX利用者が「〇〇地区が停電している」だとか、「△△町周囲は大丈夫」とか投稿してくれているはずです。**

増田　それがわかるだけでもちょっと安心しますよね。東日本大震災のとき、外出中に被災して帰宅困難になった生徒さんがいます。そのときに、X（旧Twitter）で「築地本願寺が避難所として開放されていて、おにぎりも配られている」という情報を見て、無事に避難できたそうです。

牧　冷たいように聞こえるけど、災害時はみんな自分のことで精いっぱい。シニアこそSNSを使って積極的に情報を集める必要がありますね。

詳しくはこちら！

【実践】

SNSの「フォロー」をマスターする

多くのSNSでは、ほかの利用者を「フォロー」することで、その人の投稿を検索しなくても見られるようになります。災害時に備え、住んでいる自治体をフォローしておきましょう。

▼「X」でフォローする画面

「X」をタップ！

STEP 1

①虫眼鏡の絵柄をタップし、②画面上部の検索欄をタップします。

STEP 2

住んでいる自治体の名前を入力して検索し、検索結果画面で、「ユーザー」をタップします。

STEP 3

該当する自治体名の横に表示された「フォローする」をタップ。「フォロー中」と表示されれば完了です。

Question 31

災害時、シニアはどうやって家族に安否情報を伝えればいいんでしょうか？

牧

Answer

家族にはなるべく心配をかけたくないですよね。スマホでは、LINEや「災害用伝言ダイヤル」を使って自分の状況を伝えることができます。使い方を身につけて、自分から無事を知らせるのが家族への愛ですよ。

増田　親がいる子どもの立場から言わせていただきますが、災害時に大事な家族の安否がわからないというのは本当にもどかしいし、切ないですよ。

牧　親と離れて暮らしている場合はなおさらですよね。増田さんのような「働き世代」は、災害時でも仕事から離れられない場合もある。そんな状況で、親が無事かどうかわからないというのは本当につらいことです。

増田　だからこそ、シニアの皆さんには自分から安否情報を発信できるようになっていただきたいんですよ。それがスマホを「活かして使う」ということです。

牧　**災害時、シニアは「心配する」立場ではなく「心配される」立場。自分から「無事だよ」と発信することこそ、家族への愛**ですよね。

増田　そうすれば子ども世代も安心して仕事に向かえます。LINEのメッセージを使うのが一番手っ取り早いですが、安否確認の手段がひとつしかないのはNG。

牧　LINEは、停電程度なら問題ないけど、アプリ側で不具合が起きたときは使えなくなってしまいますからね。**「災害用伝言ダイヤル」の使い方も覚えて、**

伝言が残せるようにしておくといいですね。

増田　被災地にいる人の電話番号をキーにして、音声で安否情報を登録・確認できる電話サービスですね。ダイヤルは「171」。災害発生時は、安否確認や問い合わせなどの電話が被災地に殺到します。数人なら問題ないけど、あまりに数が多いと「電話ふくそう」といって、電話がつながりにくい状況になってしまうんですね。

牧　連絡が取れないからと焦って何度も電話をかけてしまうと、警察や消防といった重要なところへの通報にも影響が出てしまう。「災害用伝言ダイヤル」は、そうした事態を避けるために、災害時限定で提供されるものなんですよね。

増田　例外として、毎月1日と15日、お正月の三が日、防災週間（8月30日〜9月5日）などは、使い方を覚えるための「体験利用提供日」として利用できます！

牧　ぜひ体験できる日に家族みんなで使ってみてください。非常時にいきなり使おうとしてもだめです。

増田　ただでさえ慌てているのに、慣れないことをやって成功するはずがありませんよね。それに、体験日に使ってみることで、本番のときに間違えそうな要注意ポイントも見つけられる。知っているのと知らないのでは、大違いですよ。災害用伝言ダイヤルには、登録できる録音時間は30秒、ひとつの電話番号につき最大20個まで伝言を残せるといった条件があります。実際に使ってみないと気づかないことってたくさんあるんです。だからこその「体験利用提供日」。絶対にやってみたほうがいいですよ！

牧　ちなみに、**文字で伝言を登録できる「Web171」というサービスもありますよ。**音声で伝言を残す災害用伝言ダイヤルと同じく、被災地の固定電話・携帯電話の電話番号を宛先にするんです。こちらも登録できる文字数や登録数に条件があります。毎月1日と15日、防災週間などに体験利用できるのも同じ。お金はかからないので、ぜひ試しに使って成功体験を積んでくださいね。

【実践】

「災害用伝言ダイヤル」の体験利用をマスターする

「災害用伝言ダイヤル」は、被災者の電話番号を宛先に、
伝言を残したり、反対に伝言を聞いたりできるサービス。
有事に備え、日ごろから家族で使い方を確認しておきましょう。

▼災害用伝言ダイヤルに発信する画面

スマホの使いこなしワザ

毎月1日、15日は災害用伝言ダイヤルの体験利用提供日

毎月1日と15日は、災害用伝言ダイヤルの使い方を学べる「体験利用提供日」です。無料で利用できるので、家族や友人と楽しみながらお試ししてみましょう。

シニアの奥義

「忘れて171（イナイ）?」のゴロ合わせで覚えよう

災害用伝言ダイヤルは、はじめに「電話」アプリに「171」と入力して発信します。災害時は、「忘れて171（イナイ）?」というゴロ合わせを思い出してください。

有事の際は、日ごろの体験がモノを言います。ぜひお試しを!

Question 32

災害時、スマホが使えなくなるのが心配です。何か準備しておくものはありますか?

増田

Answer

その心配もごもっとも。持ち運びができる充電器「モバイルバッテリー」を準備してください。スマホのバッテリー切れにばっちり備えておけば、他人に優しくできる心の余裕まで生まれますよ!

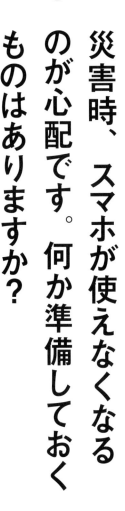

増田　先ほどもお話ししましたが、**スマホはテレビやパソコンなどとは違って停電中でも使えます。ただし、これは電池（バッテリー）が残っていればの話です。**電池の残量がゼロになってしまったら、ただの文鎮にしかならないので要注意です。

牧　最近のスマホは、技術が発達したおかげで電池の減りが抑えられています。とはいえ、災害時はネットやSNSで情報収集したり、安否確認をしたりとスマホを使う機会が増えるので、その分電池を早く消費してしまうんですよね。

増田　テレビニュースで、避難所のスマホ充電コーナーに、みんなが行列を作っているのを見たことがあります。そこに自分がいるのを想像したら、すごく落ちつかない気分になったんですよ。「あとちょっとしかバッテリーが残っていないのに、いつになったら自分に順番が回ってくるの？」って。

牧　ドキドキしてしまいますよね。災害時はただでさえ不安なのに、スマホの電池が切れて何もできなくなってしまうのなんか、想像したくもありません。

増田　1回だけLINEで家族に無事を伝えたいと思ったときに、バッテリーの残量がゼロになってしまう。そんなとき、列に並んでいる人に「順番を譲ってください」と言えますか？　見知らぬ人に「充電器を貸してください」と言えますか？　私は絶対に無理！　災害時はみんな自分のことで精いっぱいなんだから。

牧　そういうときに備えて、**持ち歩き用のスマホ充電器「モバイルバッテリー」を用意しておいてほしい**んですよね。

増田　そのとおり！　モバイルバッテリーはコンセントのない場所でも利用できるから、先に話したような行列に並ぶ必要がなくなるんです。自分の好きなタイミングでたっぷり充電できるとなれば、心の余裕が生まれますよね。その余裕が、他人に親切にしてあげようかなという優しさを生むと思います。

牧　私は「スマホがない人生は考えられない」と思うほどスマホをよく使うから、日常でもモバイルバッテリーを持ち歩いていますよ。外出先でもすぐ充電できるから便利です。

増田　いまはいろいろなメーカーのモバイルバッテリーが販売されていますが、牧さんはそのなかでどんなものをお使いなんですか？

牧　普段持ち歩いても嫌にならないように、なるべく軽い商品を選びました。それから、モバイルバッテリーには「ミリアンペアアワー（mAh）」という単位の容量がある。この容量が大きい製品ほど、スマホを充電できる回数が増えるわけです。その単位にも注目しましたね。

増田　参考になりますね。私も、スマホ教室の生徒さんたちには「電車に乗って出かけるときは、必ずモバイルバッテリーを持っていってください」と伝えています。買うなら、最低でも

Anker PowerCore 10000 PD Redux 25W

モバイルバッテリーは、商品によってサイズや容量が異なります。こちらはコンパクトさが特徴。バッテリー本体をあらかじめ充電しておくことで、コンセントがない環境でもスマホを充電できます。3,990円。

▼モバイルバッテリーの例

5000ミリアンペアアワーのものがおすすめ。浦安は、橋がふたつダメになったらあっという間に帰宅困難になってしまいます。

牧　昔は「陸の孤島」なんて呼ばれていたくらいですからね。

増田　そうそう（笑）。電車で一駅のところにお出かけするだけでも、何か災害があったら帰れなくなってしまう可能性があるんです。

牧　地震やゲリラ豪雨などが頻発している近年では切実な問題ですね。やはりモバイルバッテリーはつね日ごろから持ち歩いていたほうがいいでしょう。

増田　あと、バッテリーとスマホをつなぐケーブルもお忘れなく！　Androidとi Phoneでは、接続できるケーブルの種類が違います。スマホの取扱説明書をよく確認したうえで購入してくださいね。

牧　バッテリー、ケーブルともに、家電量販店で購入できます。実際に大きさや重さ、ケーブルの長さなどを確認してから買うと、失敗しませんよ。

第６章

遺される子ども世代の
負担を軽くするために……

「デジタル終活」は、スマホ利用者の新常識

両親や義父母の遺品整理で苦労したから、自分の子どもには同じ苦労を味わわせたくない。そんな思いで「終活」をはじめた人は多いのではないでしょうか。資産の見直しや不要品の処分、葬儀の手配を行い、気持ちがスッキリ前向きに。……お手元のスマホのこと、忘れていませんか？

スマホに保存した個人情報やお金に関する情報は、あなたの死後も残り続けます。家族があなたの代わりにそれを処分するのは、並大抵の労力ではありません。遺された子ども世代の負担を軽くするために、いまこそ「デジタル終活」もはじめましょう。

ご自身もデジタル終活の真っ最中という牧さん、「IDとパスワードさえ記録できていれば終活は9割終わり」と語る増田さんに、スマホに関する終活のススメを教えてもらいました。

33

Question

少しずつ身の周りのものを減らしていきたいです。スマホで何とかできませんか？

牧

Answer

不用品の処分を行いたいんですね。アルバムの写真をスマホで見られるようにしておくのがおすすめですよ！　ただ捨てるのではなく、デジタルで見られるようにする方法があるのを知っておいてください。

増田　終活をはじめるにあたって、不用品の処分から手をつけるという人は多いみたいですね。

牧　遺品整理は家族の大きな負担になってしまいますからね。体力・気力があるうちに、できる限り自分で済ませておきたいところです。不用品の処分には、スマホを活用するのがおすすめですよ！　**私がいいなと思うのが、アルバムの写真をデジタル化して、スマホで見られるようにしておくというもの。**いまはそういうことを専門にしている業者がいるので、簡単に依頼できますよ。

増田　そのサービス、私の父も利用しました。父の場合は、写真をＤＶＤにしたんです。おかげで、大量のアルバムで埋まっていた天袋が全部空きましたよ。二度と見られなくなるのが嫌で捨てるのをためらっていたけど、デジタルで残す方法があると知って思い切れたようです。この前は、親戚が家に来たときに、それをテレビで流して楽しい思い出話に花を咲かせていました。

牧　すてきな使い方ですね。デジタル化すれば、単に物量が減るだけじゃなくて、簡単に見返せるようになるんですよ。**入院したときや、老人ホームに入ったときにも、思い出を一緒に持っていける。**

増田　紙の写真だけでなく、デジカメで撮った写真もスマホに取り込めるんですよね。スマホで写真を閲覧・管理できるアプリはいろいろありますが、おすすめなのは「Ｇｏｏｇｌｅフォト」です。ほとんどのＡｎｄｒｏｉｄスマホにははじめから用意されています。

牧　Ｇｏｏｇｌｅアカウントさえ作成していれば手軽に使えるのがいいですよね。無料で保存できる写真の量には限りがあるけど、毎月２５０円払えばその上限は引き上げられます。

増田　お茶代より安く済むんですね。**残しておきたいけどかさばるものに対して、スマホやデジタルは強い。**ＣＤで聴いていた曲をスマホで聴いたり、紙の本で読んでいた小説や漫画をスマホで読んだりできることも、ぜひ覚えておいてくださいね。

【実践】

「Google フォト」アプリの見方をマスターする

「Google フォト」では、スマホで撮った写真・動画を管理できるほか、デジタル化した紙の写真を取り込み、閲覧することもできます。基本の画面の見方を知っておきましょう。

▼「Google フォト」の基本画面

「Googleフォト」をタップ!

①フォト

撮影したり、保存したりした写真が一覧で表示されます。写真をタップすると、大きなサイズで表示されます。

②検索

撮影日や被写体を入力すると、保存したなかから、該当する写真を検索できます。

③共有

他の利用者を招待し、デジタル版アルバムを一緒に見ることができます。

④ライブラリ

作成したアルバムや、削除した写真などを管理できる機能です。

Question 34

自分にもしものことがあったとき、スマホはどうなるんですか？何もしなくて大丈夫ですか？

増田

Answer

いいご質問です。あなたに万が一のことがあったあとも、スマホに保存した情報は残り続けます。放っておくと、毎月数千、数万円の無駄なお金が引き落とされ続ける場合もあるんです！

牧　デジタルのことは目に見えないから、自分の死後にスマホがどうなるかってなかなか想像できませんよね。私も以前、知り合いのシニアに「スマホを処分すればそれで十分なんでしょ？」と聞かれたことがあります。

増田　それで済めばラクなんですけどね……。実際は、**スマホに保存した家族や友人の連絡先、各サービスに登録したアカウントや個人情報、口座の情報、スマホ決済アプリに入金したお金など、無数の情報がそのまま残される**ことになります。SNSをやっている場合は、投稿した内容なども消えずに放置されてしまうんですよ。他人にはちょっと見られたくないような、個人的な写真などももちろんそのまま。

牧　あと、月額料金を払ってサービスを利用する「サブスクリプション」に加入していたり、定期的に届く商品を利用していたりする場合は、解約しない限りお金が引き落とされ続けてしまいます。家族はすぐには気づけないし、気づいたあとも、本人以外が契約を解除するのはとても大変なことです。

増田　このように、故人がデジタル機器に保存・管理していたデータのことを「デジタル遺品」といいます。牧さんは、このデジタル遺品のことで苦労したご経験があるそうですね。

牧　そうなんですよ。妻が亡くなったときに大変な思いをしました。本当に急なことだったので、引き継ぎがなかったんです。スマホのロックすら解除できませんでしたよ。

増田　それは大変でしたね……！

牧　最終的にはどうにかなったんですけどね。

増田　スマホが開かなかったら、残った家族は何もできません。そのあとも、その人がどんなサービスを使っていたのか、そのサービスは定期的にお金がかかるものなのかを把握するのには時間がかかります。解約するにしても、ログインのためのアカウントやパスワードがわからなければ手の出しようがないですから。本当に大変な思いをされたんですね。

牧　息子・娘に迷惑をかけたくない一心で終活をはじめる人は多いと思います。そのときに、スマホのことにも思いを馳せてほしいですね。このように、**デジタル上の情報を生前に整理整頓することを、「デジタル終活」と呼ぶ**んですよ。

増田　デジタル終活に関することで、息子さん・娘さんに伝えておいてほしいことがあります。それが「ＬＩＮＥ」アプリのこと。亡くなった方の思い出を振り返るときに、その人とやり取りしたＬＩＮＥのメッセージを見る方は少なくありません。

牧　何気ない日常の会話を振り返りたいときにぴったりなんですよね。この人はこんなメッセージを送ってくれたなぁ、この会話は面白かったなぁと、心の癒やしになると思います。

▼デジタル遺品の例（連絡先）

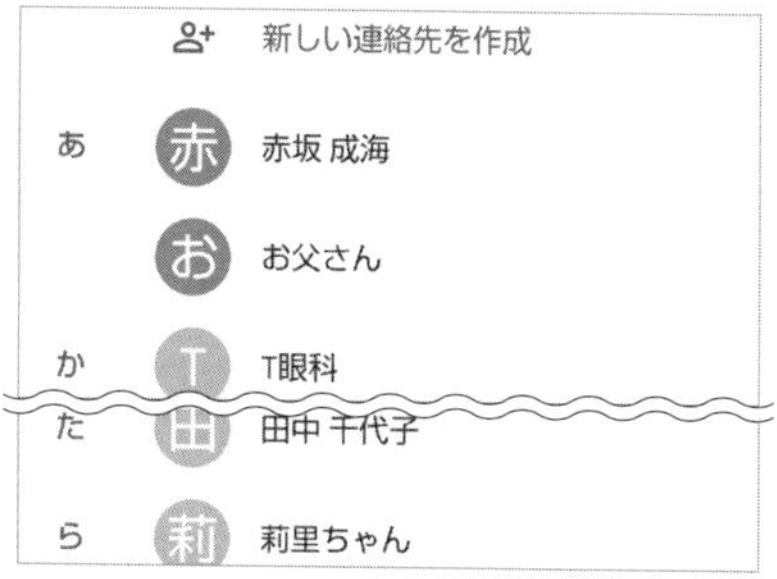

知人や友人の連絡先、写真、クレジットカード情報、各アカウントやパスワードといった「デジタル遺産」は、単にスマホを処分しただけでは消えません。

増田　でも、そのままでは、**突然その人とのＬＩＮＥのやり取りが見られなくなってしまう可能性があるんです。**というのも、ＬＩＮＥのアカウントは携帯電話番号に紐づいているもの。使われなくなった電話番号は、1年くらい経つと、ほかの人が使うようになります。その電話番号で新しくＬＩＮＥアカウントを作成されると、以前のアカウントは「重複している」として強制的に削除される。

牧　そうなると、**故人との思い出をＬＩＮＥで振り返ることができなくなってしまうわけですね。**事前に「この人のアカウントは削除されます」というような通知が届くわけでもないし、ショックですよね。

増田　そうですよね。だから、残しておきたいメッセージがある場合は、スクリーンショットを撮ったり、やり取りをスマホに保存したりと対策してほしい……と、家族に伝えておいてください。これは若い世代も意外と知らないことだから。

牧　シニアだけでなく、家族もデジタル遺品の行方について知っておくことが大切ですね。

35

Question

デジタル終活の必要性はわかっています。でも、何をすればいいのかわかりません

牧

Answer

やるべきことがわからないと、なかなか動きづらいですよね。必要なことはただひとつ。使っている「アカウント」の整理と記録です。それさえ済めば、デジタル終活は終わったも同然です！

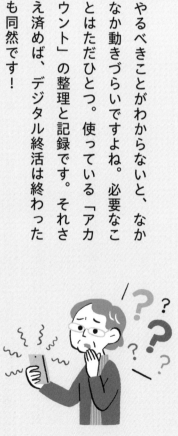

増田　「デジタル終活をしなきゃいけないことはわかったけど、じゃあ何をすればいいんですか？」という質問はよくいただきます。これに対する答えは、私も牧さんも一緒なんじゃないでしょうか。

牧　そうだと思います。**デジタル終活ですべきなのは、各サービスに自分が登録したアカウント記録の整理です。**メモや付箋《ふせん》などに書くのはだめですよ。すぐにバラバラになって、どこにいったかわからなくなってしまいますからね。

増田　やはり、ノートを一冊用意して、1ページごとに登録情報を記入していくのがいいでしょう。「1《イチ》」なのか「I《アイ》」なのかを見分けられるように、読み仮名も必須です。スマホのロックを解除するためのパスコード（暗証番号）も忘れずに書いておいてくださいね。気になるなら目隠しシールを貼ってもOKです。

牧　もう「面倒くさいな」と気が重くなった方もいるんじゃないでしょうか。でも、デジタル終活はアカウントを整理できた時点でほとんど完了なんです。**「そろそろ何かしないとな」と思ったその日にはじめましょう。思い立ったが吉日で**

すよ。

増田　一日で一気にやろうとする必要もありません。アカウントにはそれぞれ重要度があります。たとえば、AndroidのGoogleアカウントや、iPhoneのApple IDといった、スマホを使ううえで欠かせないアカウントは「社長クラス」。お金に関するサービスや、熱心にやっている人にとってのSNSのアカウントは「重役クラス」です。**面倒でやる気が出ないなら、「社長」と「重役」クラスのアカウントさえ記録できていればひとまず安心**かな。しばらく使っていないサービスのものは、後回しにしちゃいましょう。

牧　優先度を決めれば一気にとっつきやすくなりますね。それに、「社長」、「重役」クラスを整理すれば、スマホを買い替えたときにも役立ちます。とにかくノートに記録してください。忘れても見返せばいいんですから。

増田　**アカウントノートは置く場所を決めて、極力同じ場所に置くようにしてください。**あちこちに置くと、どこにやったかわからなくなってしまいますからね。

牧　私のスマホ教室では、テレビや電話の横や、本棚の目に留まるところに置いているという人が多かったです。**外に持ち出さないようにすることも大切**ですね。アカウントは大切な個人情報。うっかり外出先に置き忘れでもしたら大変です。

増田　まとめると、アカウントはノートに記録して一元管理。そのノートは家の中で置き場を決めて極力動かさない。それがデジタル終活でやるべきことですね。

牧　そうですね。いまの時代は、親も子も高齢であるケースが多い。できる限り情報を整理整頓して、引き継いだ人が困らないようにしてあげてくださいね。

▼増田さんおすすめのアカウントノート

増田さんいわく、アカウントノートを選ぶ際は背にシールを貼れるものにすると良いとのこと。しまった状態でも何のノートなのかひと目で確認できます。

Question 36

もしものときに備え、スマホについて家族と話し合っておくことはありますか？

増田

Answer

大事なことですね。アカウントノートの置き場所は伝えておいてあげてください。それさえわかっていれば、息子さん・娘さんも安心。あとは、消してほしいデータがある場合は、そのことも伝えてくださいね。

牧　アカウントをノートに記録したら、デジタル終活はほぼ完了。残るステップは、ご家族への引き継ぎです。

増田　せっかく苦労してアカウントノートを作ったのに、もしものことがあったあとにご家族がノートを見つけられなかったら意味がありません。**ノートを置く定位置を決めたら、家族にも「アカウントノートはここに置いておくから、自分にもしものことがあったときに開いてね」と伝えましょう。**

牧　私は、息子にネットに登録した個人情報や口座情報をある程度伝えています。悪用しようと思えばできてしまう情報ですが、そこは私と息子で信頼関係を築いているのでね。妻が突然亡くなったときに私がしたような苦労を、息子には味わわせたくないんですよ。

増田　すてきな思いやりですね。知り合いには、ＳＮＳのことをお子さんに引き継いだ方がいました。その方はＳＮＳを積極的に利用していて、ネットの世界にもお友だちがたくさんいたんですが、病状が悪くなって……。そこで、子どもに

「1年間はSNSのアカウントを残したままにしておいて」と頼んだそうです。一周忌のときに、娘さんが「一周忌となりましたので、母の遺言によりこのアカウントは削除させていただきます」と投稿しました。ネットの世界の友人たちからも、感謝とお別れのメッセージがたくさん届いていましたよ。

牧　それは娘さんにとっても良い思い出になったでしょうね。**残しておきたいデータはもちろん、絶対に残したくないデータがある場合も、お子さんに伝えておいたほうがいい**ですよ。「自分に何かあったら、スマホのなかの写真は全部削除してくれ」というふうに伝えておけばOK。隠しておきたいもののあと始末は自分でするのが一番いいんですけどね。でも、突然亡くなってしまうケースもないわけではないから。

増田　スマホには個人情報だけでなく、思い出もたくさんつまっています。そのなかで何をどうやって残すかを、じっくり考えていってくださいね。

おわりに——牧壮

「シニアはデジタルと無縁な存在」。世間には、そんな思い込みがあるような気がします。

たしかに、シニアがデジタルに触れる機会が少なかったのは事実。子どものころからスマホが身近にある現代の若者とは違い、デジタル機器を使うことに戸惑いや苦手意識がある人が多いのも仕方のないことでしょう。

では、**シニアはこのままデジタルと無縁でいいのでしょうか？ 私の答えは「ノー」です。むしろ「シニアにこそデジタルを！」と思っています。**そう考えるきっかけとなったのが、105歳まで現役の医師を続けておられた日野原重明氏でした。

日野原氏との出会いは2012年、同氏が100歳だったころ。インターネットの使い方を教えてほしいと頼まれたのです。これには私も驚かされました。なにしろ、当時は100歳のシニアがネットを使うのを誰も想像していなかったのですから。それでも、日野原氏は「これから長生きするには、ネットをやらないとだめだ」と、デジタルに積極的に挑戦しておられました。

それに感銘を受け、私も「ネットの時代がくる」と考えるように。そこから、シニアのネット利用を手助けする活動をはじめました。

ただ、当時のシニアたちは、デジタル活用には消極的でした。ですが、コロナ禍ではその雰囲気が一変。サークルや友人の集まりを制限された人々が、「ネットを使えば自宅にいながら仲間と交流できる」と、デジタルに関心を持ちはじめたのです。

コロナ禍でなくても、**シニアは孤立しやすい立場にあります。かくいう私も、86歳でひとり暮らし。持病もあるし、頼れる人は近くにいません。その不安や不便さは、スマホとネットを活用して解消しています。**もうスマホのない生活は考えられないほど、さまざまな場面でスマホに助けられているのです。

あなたも「自分はデジタルとは無縁」という意識をポイと捨てて、スマホやネットを使った、楽しくて便利な生活を送ってみませんか。

牧 壮　*Takeshi Maki*

デジタル推進委員アンバサダー。一般社団法人アイオーシニアズジャパン理事。

1936年生まれ。慶応義塾大学工学部を卒業後、旭化成工業株式会社に入社。1999年にリタイアし、マレーシアでインターネットビジネスを展開する。75歳で帰国し、シニアのインターネット活用を支援する活動を開始。故・日野原重明医師と交流し、ネットの使い方を教えた。81歳で一般社団法人アイオーシニアズジャパンを設立。すべてのシニアをインターネットでつなぐ活動が評価され、2021年にデジタル庁から「デジタル社会推進賞・デジタル大臣賞」が授与された。

増田 由紀　*Yuki Masuda*

スマホ活用アドバイザー。「パソコムプラザ」代表。デジタル推進委員。

2000年に千葉県浦安市で、ミセス・シニア・初心者のためのスマホ・パソコン教室「パソコムプラザ」を開校。「"知る"を楽しむ」をコンセプトに、パソコンやスマートフォンの講座を行っている。レッスンはオンラインでも受講可能。2007年には、YouTubeチャンネル「ゆきチャンネル」を開設。スマートフォンの楽しい使い方や、ビジネスでの活用術を解説した動画を多数配信している。シニアへのデジタルやSNS活用の啓蒙活動が評価され、2022年にデジタル庁から「デジタル推進委員」に任命された。

老いてこそ、スマホ

年を重ねて増える悩みの９割は、デジタルで解決する

老いに親しむレシピ

著　者　牧壮、増田由紀
編集人　新井 晋
発行人　殿塚郁夫
発行所　株式会社 主婦と生活社
　　　　〒104-8357　東京都中央区京橋3-5-7
　　　　TEL 03-5579-9611（編集部）
　　　　TEL 03-3563-5121（販売部）
　　　　TEL 03-3563-5125（生産部）
　　　　https://www.shufu.co.jp
製版所　東京カラーフォト・プロセス株式会社
印刷所　大日本印刷株式会社
製本所　小泉製本株式会社

ISBN978-4-391-16013-0